建筑·室内·园林·景观·规划

SketchUp 2016 实战精通 208 例

麓山文化 编著

机械工业出版社

SketchUp 是直接面向设计过程的三维软件，一直享有"草图大师"的美誉。本书通过208 个精选案例，由浅入深、循序渐进地介绍了 SketchUp 2016 的基本用法，以及在建筑、室内、园林、景观和规划领域的应用技巧。使读者迅速积累实战经验，提高技术水平，从新手成长为设计高手。

全书共 14 章，分为基础、建模、灯光和材质、综合案例四大篇。第 1~3 章为基础篇，全面介绍了 SketchUp 的界面构成、基本工具以及高级功能的使用，使 SketchUp 新手能够快速熟悉 SketchUp 软件，掌握其基本操作，以达到快速入门的目的；第 4~8 章为建模篇，通过一些经典的室内、室外、园林景观构件模型创建练习，使读者快速掌握各类模型的创建方法和技巧；第 9~10 章为灯光和材质篇，主要讲解了 SketchUp 经典外挂渲染插件 V-Ray 渲染器的参数、灯光以及材质的应用；第 11~14 章为综合案例篇，以室内、景观、园林、规划及建筑等领域大量相关的综合设计实例，帮助读者综合演练前面所学知识，以达到学以致用的目的。

本书配套资源丰富，除提供全书所有案例的效果文件和素材文件外，还提供了高清语音视频教学，详尽演示了各类高难度案例的制作方法和过程，确保初学者能够看得懂、学得会、做得出。

本书采用完全案例教学的编写形式，内容丰富，技术实用，讲解清晰，案例精彩，兼具技术手册和应用技巧参考手册的特点。不仅可以作为 SketchUp 初、中级读者的学习用书，也可以作为相关专业以及培训班的学习和上机实训教材。

图书在版编目（CIP）数据

建筑·室内·园林·景观·规划 SketchUp2016 实战精通 208 例/麓山文化编著. —4 版.—北京：机械工业出版社，2018.1
ISBN 978-7-111-59135-1

Ⅰ. ①建… Ⅱ. ①麓… Ⅲ. ①建筑设计—计算机辅助设计—应用软件
Ⅳ. ①TU201.4

中国版本图书馆 CIP 数据核字(2018)第 024617 号

机械工业出版社（北京市百万庄大街 22 号　邮政编码 100037）
责任编辑：曲彩云　　　　　　　责任印制：孙　炜
北京中兴印刷有限公司印刷
2018 年 3 月第 4 版第 1 次印刷
184mm×260mm ·26.5 印张·635 千字
0001－3000 册
标准书号：ISBN 978-7-111-59135-1
定价：79.00 元

前 言

　　SketchUp 是一个直接面向设计的三维软件，类似于现实中的铅笔绘画，更多地关注于设计本身，无需在软件自身的操控上耗费精力。

本书内容

　　本书结合软件功能与行业应用，通过 208 个实战案例，从易至难，由浅入深地讲解了 SketchUp 软件的操作方法及其在室内、建筑、园林景观以及规划设计领域的应用技巧。各章节的主要内容如下：

　　第 1 章为"SketchUp 界面与基本操作"，介绍了 SketchUp2016 软件的基本界面、视图操作制、对象选择、显示风格切换与绘图环境设置等基本知识。

　　第 2 章为"SketchUp 基本工具"，讲解了 SketchUp 常用的绘图和建模工具的用法。

　　第 3 章为"SketchUp 高级功能"，讲解了 SketchUp 中组功能、模型交错工具、实体工具以及地形工具等高级建模功能，还介绍了 SketchUp 文件导入和导出的方法。

　　第 4 章为"室内常用模型建模"，通过一些简单的室内模型创建练习，使读者掌握基本建模工具的使用，以及简单家具模型的创建方法。

　　酒架模型　　　　　　　　铁艺栏杆模型　　　　　　　经典吧椅　　　　　　　　简约桌椅

　　第 5 章为"室内高级模型建模"，通过一些复杂的室内模型创建练习，使读者全面掌握室内家具模型的创建方法与技巧。

　　浴室模型　　　　　　　　欧式圆台　　　　　　　　　立式钢琴　　　　　　　　中式边柜

第 6 章为"室外基础模型建模"，本章通过一些造型简单而又典型的室外模型创建练习，掌握室外模型的特点及创建思路。

花坛模型　　　　　　木质圆椅　　　　　　草坪灯模型　　　　　小区信箱模型

第 7 章为"室外高级模型建模"，讲解石桥、喷泉、圆廊以及中式牌坊等造型精巧、结构复杂的室外模型的建立方法。

石桥模型　　　　　圆形喷泉模型　　　　圆形廊架模型　　　　中式牌坊模型

第 8 章为"SketchUp 插件建模"，讲解了包括 SUAPP、超级推拉、圆角、曲面自由分割等建模插件，为制作高细节、高难度的模型提供了快速解决的方法。

SUPPA 插件　　　　超级推拉插件　　　　超级倒角插件　　　曲面自由分割插件

第 9 章为"SketchUp / V-Ray 灯光与阴影"，介绍了 SketchUp 灯光与 VRay 灯光的使用方法与技巧。

SketchUp 光影　　　VRay 片光效果　　　泛光灯效果　　　　IES 灯光效果

第 10 章为"SketchUp / V-Ray 材质解析"，介绍了 SketchUp 与 V-Ray 材质的特点，以及

常用 V-Ray 材质的制作。

Skethcup 材质效果　　　　V-Ray 材质效果　　　　V-Ray 金属效果　　　　V-Ray 布纹效果

第 11 章为"室内设计",讲解了户型图鸟瞰、室内空间细化、渲染以及漫游的制作方法与技巧。

户型图效果　　　　空间细化效果　　　　V-Ray 渲染效果　　　　室内漫游效果

第 12 章为"景观园林设计",通过屋顶花园以及校区中心广场两个大型案例,讲解了景观园林方案的制作方法与技巧。

屋顶花园效果　　　　校区中心广场鸟瞰　　　　节点效果 1　　　　节点效果 2

第 13 章为"规划设计",精选了一个小区的规划项目案例,详细介绍了规划方案制作的方法与技巧。

小区规划鸟瞰效果　　　　节点效果 1　　　　节点效果 2

第 14 章为"建筑设计"(见配套资源),讲解了现代别墅、中式院落、欧式别墅以及高层住宅的制作方法与技巧。

现代别墅效果

中式院落效果

欧式别墅效果

高层住宅效果

　　本书物超所值，除了书本之外，还附赠以下资源（扫描"资源下载"二维码即可获得下载方式）：

　　配套教学视频：配套 172 集高清语音教学视频，总时长达 1560min。读者可以先像看电影一样轻松愉悦地通过教学视频学习本书内容，然后对照书本加以实践和练习，以提高学习效率。

　　本书实例的文件和完成素材：书中所有实例均提供了源文件和素材，读者可以使用 SketchUp 2016 打开或访问。

　　附赠素材：常用的家具、艺术品、人物、树木、贴图等 SketchUp 模型，读者在实际工作过程中灵活运用，可以大幅提升工作效率。

资源下载

本书作者

　　本书由麓山文化编著，参加编写的有：陈志民、江凡、张洁、马梅桂、戴京京、骆天、胡丹、陈运炳、申玉秀、李红萍、李红艺、李红术、陈云香、陈文香、陈军云、彭斌全、林小群、刘清平、钟睦、刘里锋、朱海涛、廖博、喻文明、易盛、陈晶、张绍华、黄柯、何凯、黄华、陈文轶、杨少波、杨芳、刘有良、刘珊、赵祖欣、齐慧明、江涛、袁圣超、毛琼健、齐慧明、江涛、袁圣超等。

　　由于编者水平有限，书中错误、疏漏之处在所难免。在感谢您选择本书的同时，也希望您能够把对本书的意见和建议告诉我们。

　　读者服务邮箱：lushanbook@qq.com

　　读者QQ群：327209040

读者交流

麓山文化

目 录

前 言

第1篇 基 础 篇

第2篇 建 模 篇

第 3 篇　灯光和材质篇

第4篇 综合案例篇

第1篇 基 础 篇

第1章
SketchUp 界面与基本操作

为了让读者快速熟悉该软件，本章首先介绍 SketchUp 的界面构成、视图操作、对象显示、自定义快捷键等基本操作。

　　SketchUp 最初由@Last Software 公司开发，是一款直接面向设计方案创作过程的设计工具，其使用简便并直接面向设计过程，能随着构思的深入不断增加设计细节，因此被形象地比喻为计算机设计中的"铅笔"，目前已经广泛用于室内、建筑、园林景观以及城市规划等设计领域，如图 1-1~图 1-11 所示。

图 1-1　户型设计

图 1-2　客厅细化方案

图 1-3　客厅 Vray 渲染效果

图 1-4　SketchUp 现代别墅

图 1-5　SketchUp 中式庭院

图 1-6　SketchUp 欧式别墅

图 1-7　SketchUp 高层建筑

图 1-8　SketchUp 屋顶花园

图 1-9　SketchUp 广场整体

图 1-10　SketchUp 广场节点

图 1-11　SketchUp 规划效果

1.1 界面操作

001　认识 SketchUp 用户欢迎界面

文件路径：配套光盘\第 01 章\001	视频文件：视频\第 01 章\001.MP4

SketchUp 用户欢迎界面包括基础操作学习、许可状态查询以及绘图模板的选择，是用户了解 SketchUp 最基本的平台。

步骤 01 双击桌面上的 图标，启动 SketchUpPro 2016。

步骤 02 等待数秒钟，就可以看到 SketchUpPro 2016 的用户欢迎界面，如图 1-12 所示。

步骤 03 SketchUpPro 2016 用户欢迎界面主要有【学习】、【许可证】和【模板】三个展开按钮，其功能主要如下：

- 学习：单击展开【学习】按钮，可从展开的面板中学习到 SketchUp 基本工具的操作方法，如直线的绘制、【推拉】工具的使用以及【旋转】操作。
- 许可证：单击展开【许可证】按钮，可从展开的面板中读取到用户名、授权序列号等正版软件使用信息。
- 模板：单击展开【模板】按钮，可以根据绘图任务的需要选择 SketchUp 模板，如图 1-13 所示。模板间最主要的区别是单位的设置，此外显示的样式与颜色上也会有区别。

图 1-12　SketchUp 用户欢迎界面

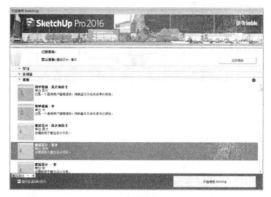

图 1-13　SketchUp 模板选择展开选项

002　认识 SketchUp 工作界面

文件路径：配套光盘\第 01 章\002	视频文件：视频\第 01 章\002.MP4

工作界面就是用户与程序进行交流的接口。任何软件都有其特有的操作界面，只有了解各个界面元素及其之间的关系才能进一步深入学习。

步骤 01 在用户欢迎界面中选定模板后，单击【开始使用 SketchUp】按钮，等待数秒后即可看到 SketchUp 工作界面，如图 1-14 所示。

图 1-14　SketchUp 默认工作界面

步骤 02 观察图 1-14 可以发现，SketchUp 工作界面可以分为 7 个部分：标题栏、菜单栏、工具栏、绘图区、状态栏、数值输入框及窗口调整柄。

步骤 03 首先简单了解工作界面中主要部分的功能，然后再通过单独的实例对其中一些功能进行深入学习。

- 标题栏：标题栏显示了当前打开文件的名称与软件版本类型，如默认情况下标题栏显示"无标题-SketchUp Pro"，即当前文件未进行保存与命名，软件版本则为 SketchUp 2016 专业版。

- 菜单栏：标题栏下面的是一行菜单栏，它与标准的 Windows 菜单栏使用方法基本相同。菜单栏为用户提供了一个用于文件的管理、常用工具功能调用、系统设置及寻找帮助的接口。

- 工具栏：默认设置下 SketchUpPro 2016 工具栏仅显示【学习】工具按钮，在该工具栏内仅提供了最基本的一些工具按钮，如图形绘制、测量以及视图控制等。

- 绘图区：SketchUpPro 2016 仍然保持单视口显示，通过对应的视图工具按钮或快捷键，可以进行平视、立视、剖视以及透视效果的切换。

- 状态栏：状态栏位于屏幕的左下角，主要用于对用户当前的操作进行文字描述以及功能提示。

- 数值输入框：数值输入框位于屏幕的右下角，在模型创建时输入数值与字母，可以精确控制模型长度、半径、数量等。

003 认识菜单栏

文件路径：配套光盘\第 01 章\003	视频文件：视频\第 01 章\003.MP4

菜单栏是软件所有功能的集合，本例将主要介绍 SketchUpPro 2016 菜单栏的组成以及其主要功能。

步骤 01 SketchUp2016 菜单栏由【文件】、【编辑】、【视图】、【相机】、【绘图】、【工具】、【窗口】、【扩展程序】(需要安装插件以后才能显示)以及【帮助】9 个主菜单构成，如图 1-15 所示。

步骤 02 单击这些主菜单可以打开相应的"子菜单"以及"次级主菜单"，如图 1-16 所示。

图 1-15　SketchUp 主菜单

图 1-16　SketchUp 子菜单和次级菜单

步骤 03 菜单栏各菜单项的功能如下：

📖 文件：主要用于文件的打开、保存以及 SketchUp 文件的导入与导出，实现与其他文件的共同协作。

📖 编辑：主要用于模型（辅助线）的剪切、复制、删除、隐藏、显示以及冻结等操作。此外，对于 SketchUp 中的组件也能进行编辑。

📖 视图：主要用于调整工具栏、截面剖切、辅助线的显示与隐藏，对模型边线、表面的显示及场景动画，也具有控制功能。

📖 相机：主要用于切换视图的显示（包括视图角度、透视、大小以及平移等操作），此外还能进行照片匹配以及镜头配置等操作。

📖 绘图：集合了直线、圆弧、手绘线、矩形、圆、多边形等二维图形创建工具以及沙盒地形创建工具。

📖 工具：集合了模型控制工具(移动、旋转、缩放、擦除)、模型二维转三维工具(推/拉、路径跟随)以及尺寸标注、卷尺等辅助工具，此外还具备沙盒地形修改工具。

📖 窗口：通过窗口菜单可以查看场景整体（如单位）与单个模型的信息（如面数、图层），并能对场景的材质、组件以及样式效果进行调整，此外还能通过 Ruby 控制台进行脚本的编写。

📖 帮助：通过帮助菜单可以打开 SketchUp 的欢迎界面以及帮助中心，初步学习 SketchUp 的使用，并能查看了解当前的版本授权等信息。

004 认识工具栏

📧 文件路径：配套光盘\第 01 章\004	💿 视频文件：视频\第 01 章\004.MP4

默认设置下 SketchUp 工具栏仅显示【使用入门】工具按钮，本例将介绍如何显示出其他工具按钮，以及调整工具按钮位置的方法。

步骤01 打开 SketchUp 后，工具栏默认仅横向显示【使用入门】工具按钮，提供的功能十分有限，如图 1-17 所示。用户可以根据绘图需要，显示出较为常用的工具按钮，如图 1-18 所示。

图 1-17　SketchUp 默认工具栏　　　　图 1-18　自定义后的 SketchUp 工具栏

步骤02 执行【视图】/【工具栏】菜单命令，通过工具栏选项板上的相应工具名称的勾选或取消，即可自定义 SketchUp 工具按钮的显示，如图 1-19 与图 1-20 所示。

图 1-19　【工具栏】选项板　　　　图 1-20　自定义显示的工具按钮

步骤03 鼠标左键按住工具栏前端边沿进行拖动，如图 1-21 所示，可将工具栏移动至窗口任意位置，如图 1-22 所示。

图 1-21　视图工具栏原位置　　　　图 1-22　视图工具栏调整后的位置

005 认识绘图区

文件路径：配套光盘\第 01 章\005	视频文件：视频\第 01 章\005.MP4

默认设置下，绘图区显示浅色的天空与深色的背景效果，本例学习调整绘图区显示效果的方法。

步骤 01 打开 SketchUp 后，默认设置下绘图区将显示天空与背景的颜色效果，如图 1-23 所示。用户也可以自定义背景颜色，以方便模型的创建与观察，如图 1-24 所示。

图 1-23　默认窗口显示效果　　　　　　　　图 1-24　调整后的背景效果

步骤 02 执行【窗口】/【默认面板】/【显示面板】菜单命令，确保【风格】命令有勾选，在弹出的【默认面板】中展开【风格】面板，然后进入【编辑】选项卡，如图 1-25 与图 1-26 所示。

图 1-25　执行【窗口】/【默认面板】菜单命令　　　　图 1-26　【编辑】选项卡

步骤 03 取消【天空】复选框的勾选，如图 1-27 所示。单击【背景】色块，在打开的【选择颜色】对话框中可自由选择绘图区背景颜色，如图 1-28 所示。

图 1-27 关闭天空显示   图 1-28 调整背景颜色

1.2 视图的操作

006 切换视图

文件路径：配套光盘\第 01 章\006	视频文件：视频\第 01 章\006.MP4

在三维软件中，经常需要切换到不同的视角，以观察模型不同面的造型与材质效果，对于以单视口显示的 SketchUp，掌握视图切换的方法则显得尤为重要。本例即介绍视图切换方法与注意事项。

步骤 01 启动 SketchUp 后，打开本书配套光盘"第 01 章|006 切换视图.skp"模型，如 图 1-29 所示。

步骤 02 执行【相机】/【标准视图】菜单命令，显示视图工具栏，选择相应的工具按钮，均可进行对应视图的快速切换，如图 1-30 ～ 图 1-39 所示。

图 1-29 打开长椅模型   图 1-30 通过菜单或工具按钮进行视图切换

图 1-31　等轴视图　　　　　　　图 1-32　俯视图　　　　　　　图 1-33　主视图

图 1-34　右视图　　　　　　　图 1-35　后视图　　　　　　　图 1-36　左视图

图 1-37　透视显示下的俯视图　　图 1-38　调整为平行投影　　　图 1-39　平行投影下的俯视图

→ 提 示

　　在进行视图的切换时，如果要观察到绝对的平行显示效果，必须先切换到"平行投影"显示，否则
将产生透视偏差，如图 1-39 所示。

007 旋转视图

| 文件路径：配套光盘\第 01 章\007 | 视频文件：视频\第 01 章\007.MP4 |

　　通过视图的旋转，可以快速观察到模型各个方位的细节。本例讲述视图旋转的方法与技
巧。

步骤 01 启动 SketchUp 后，打开本书配套光盘 "第 01 章|007 旋转视图.skp"模型，如图 1-40 所示。

步骤 02 执行【相机】/【转动】命令，或单击【相机】工具栏【环绕观察】 ，均可启动视图旋转，如图 1-41 所示。

图 1-40　模型打开效果　　　　　图 1-41　通过菜单或工具按钮启用视图旋转

步骤 03 按住鼠标左键进行拖动，即可进行视图的旋转，如图 1-42 与图 1-43 所示。

图 1-42　旋转至侧面　　　　　　　图 1-43　旋转至背面

→ 技 巧

按住鼠标滚轮可快速进行视图的旋转。

008 平移视图

📧 文件路径：配套光盘\第 01 章\008	💿 视频文件：视频\第 01 章\008.MP4

在实际工作中，如果模型显示大于屏幕范围，为了观察到模型不同区域的效果，需要进行视图平移。本例即讲解进行视图平衡的操作方法与技巧。

步骤 ⓵ 启动 SketchUp，打开本书配套光盘 "第 01 章|008 平移视图.skp" 模型，如图 1-44
所示，其为一个弧形廊架模型。

步骤 ⓶ 执行【相机】/【平移】命令，或单击【相机】工具栏【平移】 按钮，均可启动视
图平移，如图 1-45 所示。

图 1-44　弧形廊架打开效果

图 1-45　通过菜单或工具按钮启用视图平移

步骤 ⓷ 按住鼠标左键向各个方向拖动，即可进行对应方向的视图平移，如图 1-46 与图 1-47
所示。

图 1-46　左右平移视图

图 1-47　上下平移视图

→技 巧

按住 Shift 键的同时，按住鼠标滚轮进行拖动，可快速进行视图的平移。

009 缩放视图

文件路径：配套光盘\第 01 章\009	视频文件：视频\第 01 章\009.MP4

在实际的操作中，为了观察到模型的整体或是细节效果，需要对视图进行缩放操作，本

例即讲述视图缩放操作的方法与技巧。

步骤 01 启动 SketchUp，打开本书配套光盘"第 01 章|009 缩放视图.skp"模型，如图 1-48 所示，其为一个路灯模型。

步骤 02 执行【相机】/【缩放】命令，或单击相机工具栏 🔍【缩放】按钮，即可启动视图缩放，如图 1-49 所示。

图 1-48　打开路灯模型

图 1-49　通过菜单或工具按钮进行缩放

步骤 03 启动缩放后，按住鼠标左键进行拖拉即可，向下拖动将缩小视图，以观察到模型全貌，向上推动则放大视图，以观察模型细节，如图 1-50 与图 1-51 所示。

图 1-50　缩小视图观察模型全貌

图 1-51　放大视图观察模型细节

010 缩放窗口视图

✉ 文件路径：配套光盘\第 01 章\010	◎ 视频文件：视频\第 01 章\010.MP4

缩放窗口可以快速划定目标观察区域，对于模型细节的放大观察十分有效，本例即讲解缩放窗口的操作与技巧。

步骤 01 启动 SketchUp，打开本书配套光盘"第 01 章|010 缩放窗口.skp"模型，如图 1-52 所

示，其为一个屋檐模型。

步骤 02 执行【相机】/【缩放窗口】命令，或单击相机工具栏中 【缩放窗口】按钮，即可
启动缩放窗口，如图 1-53 所示。

图 1-52 模型打开效果

图 1-53 通过菜单或工具按钮进行缩放窗口

步骤 03 启动缩放窗口后，按住鼠标左键划定缩放范围，即可将该区域放大到满窗口显示，
如图 1-54 与图 1-55 所示。

图 1-54 划定缩放窗口区域

图 1-55 缩放窗口完成效果

011 缩放范围

文件路径：配套光盘\第 01 章\011	视频文件：视频\第 01 章\011.MP4

在实际工作中，如果遇到要充分利用显示屏的大小，对模型进行最大化的显示，以便进
行观察，可以使用缩放范围工具。

步骤 01 启动 SketchUp，打开本书配套光盘"第 01 章|011 充满视图.skp"模型，如图 1-56
所示，其为一个喷泉模型。

步骤 02 此时使用视图缩放或缩放窗口工具，都无法使模型完全充满显示空间，边角会留下
空白区域，如图 1-57 所示。

步骤 03 执行【相机】/【缩放范围】命令，或单击相机工具栏中 【充满视窗】按钮，即
可瞬时完成模型的最大化显示，如图 1-58 与图 1-59 所示。

图 1-56　模型打开效果

图 1-57　常规缩放完成的效果

图 1-58　通过菜单或工具按钮进行缩放范围缩放

图 1-59　缩放范围缩放完成效果

012　上一个视图

文件路径：配套光盘\第 01 章\012	视频文件：视频\第 01 章\012.MP4

在操作中如果进行了视图旋转、平移以及缩放等误操作时，通过上一个命令可进行快速调整。

步骤 01 启动 SketchUp，打开本书配套光盘 "第 01 章|012 上一个视图.skp" 模型，如图 1-60 所示，其为一套办公桌椅模型。

步骤 02 通过视图的旋转、平移等操作，调整视角方向至模型背面，如图 1-61 所示。

图 1-60　模型打开效果

图 1-61　视图调整效果

步骤 03 如果此时要快速回到调整之前的视图，可以执行【相机】/【上一个】命令，或单击相机工具栏中【上一个】按钮进行撤销，如图 1-62 与图 1-63 所示。

图 1-62　通过菜单或工具按钮返回上一视图

图 1-63　上一个视图返回效果

→ 提　示

在返回上一视图后，如果要回到返回前的视图，则需要执行【下一个】菜单命令。

1.3 对象的选择

013 单击选择

文件路径: 配套光盘\第 01 章\013	视频文件: 视频\第 01 章\013.MP4

了解 SketchUp 界面的构成与视图的控制后，接下来学习模型对象的选择方法，首先了解对象一般选择的方法，即通过鼠标单击进行选择。

步骤 01 启动 SketchUp，打开本书配套光盘 "第 01 章|013 一般选择.skp" 模型，如图 1-64 所示，其为一个圆桌模型。

步骤 02 单击【主要】工具【选择】按钮 ，或直接按键盘上的空格键，此时在视图内将出现一个 "箭头" 图标，在目标对象上单击鼠标，即可选择对象，如图 1-65 与图 1-66 所示。

图 1-64　模型打开效果

图 1-65　激活选择工具

步骤 03 如果要继续选择模型，可以按住 Ctrl 键，待鼠标指针变成 状时，在加选对象上单击鼠标即可，如图 1-67 所示。

图 1-66　选择桌面

图 1-67　加选弧形支架

步骤 04 如果要取消已选模型，可以按住 Ctrl+Shift 键，待鼠标指针变成 ▶– 状时，在减选对象上单击鼠标即可，如图 1-68 所示。

步骤 05 此外，按住 Shift 键，待鼠标变成 ▶± 状时，SketchUp 将自动加选或是减选，即此时如果在已选对象上单击鼠标将进行减选，在未选对象上单击鼠标，则自动切换成加选，如图 1-69~ 图 1-71 所示。

图 1-68　减选桌面

图 1-69　切换至自动选择

图 1-70　对已选模型自动进行减选

图 1-71　对未选模型自动进行加选

014 框选与叉选

文件路径：配套光盘\第 01 章\014	视频文件：视频\第 01 章\014.MP4

单击选择适用于单个模型面或组件的选择，在进行多个模型面或组件的选择时，框选与

叉选更为有效，本例介绍这两种选择方式的操作与技巧。

步骤 01 启动 SketchUp，打开本书配套光盘"第 01 章|014 框选与叉选.skp"模型，如图 1-72 所示，其为一个钢架模型。

步骤 02 启用选择工具，按住鼠标左键，从屏幕任意位置从左至右划出实线选择范围框，如图 1-73 所示。此时只有完整被该范围框包围的模型才被选择，如图 1-74 所示。

图 1-72　模型打开效果　　　　　　　　　　　图 1-73　行框选

图 1-74　框选结果　　　　　　　　　　　　　图 1-75　叉选

步骤 03 启用选择工具，按住鼠标左键，从屏幕任意位置从右至左划出虚线选择范围框，如图 1-75 所示。所有与该范围框有接触的模型均被选择，如图 1-76 所示。

图 1-76　叉选结果　　　　　　　　　　　　　图 1-77　以叉选方式加选

➙ 提示

在进行框选或叉选时，通过键盘控制加选、减选等功能同样有效，如图 1-77 所示。

015 扩展选择

文件路径: 配套光盘\第 01 章\015   视频文件: 视频\第 01 章\015.MP4

除了单击选择、框选与叉选外,在选择时通过鼠标连续单击的次数,还可以进行扩展选择,本例介绍扩展选择的方法。

步骤 01 启动 SketchUp,打开本书配套光盘"第 01 章|015 扩展选择.skp"模型,如图 1-78 所示,其为书本模型。

步骤 02 启用选择工具后,在目标选择对象上单击鼠标,仅选择鼠标所接触的模型面,如图 1-79 所示。

图 1-78 模型打开效果

图 1-79 单击一次选择单独模型面

步骤 03 在目标对象上快速双击鼠标左键,将选择鼠标接触模型面以及周边相关边线,如图 1-80 所示。

步骤 04 在目标对象上快速三击鼠标左键,将选择鼠标接触模型面所在组件内所有模型面,如图 1-81 所示,如果其他与其接触的模型均未成组,则所接触的模型均将被选择,如图 1-82 所示。

图 1-80 双击选择模型面与相关边线

图 1-81 三击选择组件内所有
模型面

图 1-82 非组件三击选择所有
连接面

1.4 切换显示样式

016 切换模型显示样式

📧 文件路径：配套光盘\第 01 章\016　　　◎ 视频文件：视频\第 01 章\016.MP4

SketchUp 设定了多种模型显示样式，用户可以根据观察或是建模需要进行切换，本例即介绍模型显示样式切换的方法。

步骤 01 启动 SketchUp，打开本书配套光盘"第 01 章|016 切换显示样式.skp"模型，如图 1-83 所示，该场景为一个客厅透视模型，当前显示下，模型纹理、色彩效果均可见。

步骤 02 执行【视图】/【显示模式】命令，或单击【样式】工具栏上对应按钮，即可切换模型的显示效果，如图 1-84 所示。各显示样式效果如图 1-85~图 1-92 所示。

图 1-83　模型打开效果　　　　　　　　　　图 1-84　通过菜单或工具按钮切换显示样式

—→ 提示

　　　X 射线模式为透明显示效果，其可以叠加在其他显示样式上，如图 1-85 与图 1-86 所示。

图 1-85　X 光透视模式样式 1　　　　　　　　图 1-86　X 光透视模式样式 2

图 1-87　线框显示样式

图 1-88　消隐显示样式

→提示

【材质贴图】样式用于观察模型的最终效果，但需要占用的系统资源也最多。为了便于操作，在进行光影效果的调整时，可以切换至阴影或单色显示模式。

图 1-89　阴影显示样式

图 1-90　材质贴图样式

图 1-91　单色显示样式

图 1-92　显示后边线效果

→提示

后边线模式与 X 光透视模式类似，可以与其他显示模式进行重叠显示，以虚线的形式体现模型背面的线条，如图 1-89~图 1-91 所示。

017 调整边线显示类型

文件路径：配套光盘\第 01 章\017	视频文件：视频\第 01 章\017.MP4

SketchUp 中文俗称"草图大师"，能得到这样的一个称谓，其原因是 SketchUp 通过设置边线显示参数，可以显示出类似于手绘草图样式效果，本例将具体介绍调整的方法。

步骤 01 启动 SketchUp，打开本书配套光盘"第 01 章|017 调整边线显示类型.skp"模型，如图 1-93 所示。该模型为一个显示贴图的小区住宅，本例将参考如图 1-94 所示的建筑手绘草图效果，设置类似的显示效果。首先了解 SketchUp 中基本的边线样式。

图 1-93　模型打开效果

图 1-94　建筑手绘草图效果

图 1-95　执行视图/边线样式命令

步骤 02 执行【视图】/【边线样式】命令，在下拉列表菜单中可以看到轮廓线、深粗线、出头这三种 SketchUp 最基本的边线样式，如图 1-95 所示。其效果分别如图 1-96~图 1-98 所示。

- 　　【轮廓线】：默认为勾选，如图 1-96 所示。如果取消勾选，场景中模型的边线将淡化或消失。

- 　　【深粗线】：该方式以比较粗的深色线条显示边线，如图 1-97 所示。由于这种效果影响模型细节的观察，因此通常不予勾选。

- 　　出头：在手绘草图的过程中，两条相交的直线通常会稍微延伸出头，在 SketchUp 中勾选【出头】，即可实现这种效果，如图 1-98 所示。

图 1-96　轮廓线效果

图 1-97　深度暗示效果

图 1-98　延长线效果

步骤 03【边线样式】仅能简单地设置各种边线效果，对边线的宽度、长度等特征无法进行控制，接下来学习相关的控制操作方法。执行【窗口】/【默认面板】/【风格】命令，弹出【风格】设置面板，在【编辑】选项卡中单击【边线设置】按钮🔲，即可进行更加丰富的边界线类型与效果的设置，如图 1-99 与图 1-100 所示。

步骤 ④ 【端点】和【抖动】复选框勾选效果，分别如图 1-101 与图 1-102 所示。

📖 【端点】：边线与边线的交接处将以较粗的线条显示，通过其后的参数可以设置线条的宽度。

📖 【抖动】：笔直的边界线以稍许弯曲凌乱的线条进行显示，用于模拟手绘中真实的线段细节。

图 1-99　执行窗口/样式命令　　图 1-100　进入编辑选项卡　　图 1-101　端点线设置效果

步骤 ⑤ 了解了 SketchUp 边线的类型与对应效果后，参考建筑手绘草图的线条特点，设置【风格】面板中相关参数，如图 1-103 所示，即可制作出类似手绘草图的效果，如图 1-104 所示。

图 1-102　抖动效果　　　　图 1-103　样式面板参数　　　　图 1-104　草图显示效果

018　调整边线显示颜色

文件路径: 配套光盘\第 01 章\018	视频文件: 视频\第 01 章\018.MP4

在 SketchUp 中，除了调整边线的类型外，还可以对边线的颜色进行控制，本例讲解具体的控制方法。

步骤 ① 进入【风格】面板【编辑】选项卡，通过【颜色】下拉列表框，可选择【全部相同】、【按材质】以及【按轴线】三种方式调整边线颜色，如图 1-105 所示。

步骤 ② 默认选择【全部相同】类型，此时可以通过其后方的颜色设置整体的边线颜色，如

图 1-106 与图 1-107 所示。

图 1-105　颜色下拉列表

图 1-106　设置边线整体颜色

步骤 03　【按材质】以及【按轴线】两种颜色控制方式的效果如图 1-108 与图 1-109 所示。

图 1-107　边线整体颜色调整效果

图 1-108　按材质显示边线颜色

📖 【按材质】：系统将自动调整模型边线为自身材质颜色一致的颜色，如图 1-108 所示。

📖 【按轴线】：系统将分别将 X、Y、Z 三个轴向上的边线以红、绿、蓝三种颜色显示，如图 1-109 所示。

→ 提示

除了以上类似铅笔黑白素描的效果外，通过【样式】设置面板中【选择】选项卡，还可以设置诸如【手绘边线】、【颜色集】等其他效果，如　图 1-110~图 1-112 所示。

图 1-109　按轴线显示边线颜色

图 1-110　下拉列表

图 1-111 颜色集列表

图 1-112 【颜色集】模型效果

1.5 设置绘图环境

019 设置场景单位

✉ 文件路径：无	◎ 视频文件：视频\第 01 章\019.MP4

了解对象的选择与显示效果的调整后，接下来学习 SketchUp 绘图前系统的准备与个性化设置的方法，首先了解场景单位的设置方法。

步骤 01 执行【窗口】/【模型信息】命令，如图 1-113 所示，打开【模型信息】设置面板，选择其中的【单位】选项，可以发现默认单位为英寸（美制）。

步骤 02 设置【单位】为【十进制】，在其后的下拉列表中选择【mm】，最后选择【精确度】为【0mm】，如图 1-114 所示。对于系统的【尺寸标注】、【文字】等特征，由于不同的设计单位有不同的表示方法，所以这里不详细讲述。

图 1-113 执行窗口/模型信息命令

图 1-114 按规范设置单位

→ 提示

　　SketchUp 默认设置下以英寸（美制）为绘图单位，而我国的设计规范均以毫米（公制）为单位，精度则通常保持 0mm。

→ 技 巧

　　在开启 SketchUp 时，会弹出如图 1-115 所示的启动面板，单击【选择模板】按钮，即可以直接选择毫米制的建筑绘图模板，如图 1-116 所示。

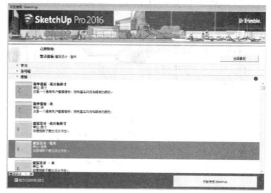

　　图 1-115　SketchUp 启动面板　　　　　　　　图 1-116　选择毫米制建筑绘图模板

020　设置文件自动备份

文件路径：无	视频文件：020.MP4

　　为了防止因为断电等突发情况造成文件的丢失，SketchUp 提供文件自动备份与保存的功能，本例介绍其具体操作方法。

步骤 01 执行【窗口】/【系统设置】菜单命令，在弹出的【系统设置】面板中选择【常规】选项，如图 1-117 所示。

步骤 02 在【常规】选项卡右侧的【正在保存】参数组中，即可设置保存备份以及间隔时间，如图 1-118 所示。

　　图 1-117　常规选项卡设置　　　　　　　　　图 1-118　设置备份保存间隔时间

→ 提示

　创建备份与自动保存是两个概念，如果只勾选【自动保存】复选框，则数据将直接保存在打开的文件上。只有同时再勾选【创建备份】，才能将数据另存在一个新的文件上，这样即使打开的文件出现损坏，还可以再使用备份文件。

步骤 03 选择【文件】选项卡，如图 1-119 所示，单击【模型】参数后的【设置路径】按钮，即可在弹出的【浏览文件夹】面板内设置自动备份的文件路径，如图 1-120 所示。

图 1-119　【文件】选项卡

图 1-120　设置模型备份文件夹

021　自定义快捷键

✉ 文件路径：无	◎ 视频文件：视频\第 01 章\021.MP4

　在 SketchUp 中，根据个人习惯设定快捷键可以有效提高工作效率，本例介绍如何自定义快捷键。

步骤 01 在默认设置下，通过菜单找到对应的命令，在其后方即会显示对应的默认快捷键，如图 1-121 所示。

步骤 02 执行【窗口】/【系统设置】菜单命令，打开【系统设置】面板，选择【快捷方式】选项卡，在【功能】列表中选择对应的命令，即可在右侧的【添加快捷方式】文本框内自定义快捷键，如图 1-122 所示。

图 1-121　默认快捷键

图 1-122　自定义快捷键

步骤 03 输入快捷键后，单击【添加】按钮即可，如果该快捷键已被其他命令占用，将弹出如图 1-123 所示的提示面板，此时单击【是】按钮将其替代，然后单击【系统设置】面板中的【确定】按钮，设置的快捷键即可生效。

步骤 04 如果要删除已经设置好的快捷键，只需要选择对应的命令，然后在【快捷方式】列表框中选择快捷键，单击【删除】按钮即可，如图 1-124 所示。

图 1-123　重新定义快捷键

图 1-124　删除快捷键

→技巧

　　单击【系统设置】面板中的【导出】按钮，打开如图 1-125 所示的【输出预置】面板，在其中设置好文件名并单击【导出】按钮，即可将自定义好的快捷键以 dat 文件进行保存。当重装系统或在他人计算机上应用 SketchUp 时，单击【导入】按钮，在弹出的【输入预置】面板中选择快捷键文件，单击【导入】按钮，即可快速加载之前自定义的所有快捷键，如图 1-126 所示。

图 1-125　导出快捷键

图 1-126　导入快捷键

022 保存设定模板

文件路径：无	视频文件：无

　　在 SketchUp 中设置好场景单位、文件保存路径等参数后，为了避免重复设置，可以将当前的设定保存为模板，本例介绍保存设定模板的方法。

步骤 01 模板的保存方法十分简单，在设置好场景单位等参数后，执行【文件】/【另存为模板】菜单命令，如图 1-127 所示。

步骤 02 在弹出的【另存为模板】面板中，输入模板名称，单击【保存】按钮即可，如图 1-128 所示。

图 1-127　执行命令

图 1-128　【保存为模板】面板

023 调用保存模板

文件路径：无　　　视频文件：无

　　将场景成功保存为模板后，在下次使用 SketchUp 时，即可直接调用，本例讲解模板的调用方法。

步骤 01 模板的调用有两种，第一种是在 SketchUp 欢迎界面的【模板】选项卡中，直接选择保存好的模板文件进行应用，如图 1-129 所示。

步骤 02 如果在开启 SketchUp 时忘记调用模板，则可以使用第二种方法。在【系统设置】面板中选择【模板】选项卡，单击【浏览】按钮，选择之前保存的模板文件即可，如图 1-130 所示。

图 1-129　在欢迎界面中直接应用保存模板

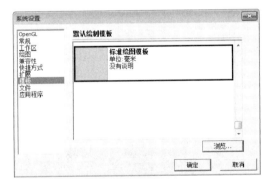

图 1-130　通过系统设置面板调用保存模板

第2章

SketchUp 基本工具

在了解了 SketchUp 界面的构成、视图与对象的控制，以及基本绘图环境的设置后，本章将学习 SketchUp 常用的【绘图】、【编辑】、【主要】、【建筑施工】以及【相机】5 大工具栏中各个工具的使用，如图 2-1~图 2-5 所示。

图 2-1 绘图工具栏

图 2-2 编辑工具栏

图 2-3 主要工具栏

图 2-4 建筑施工工具栏

图 2-5 相机工具栏

2.1 绘图工具栏

024 矩形工具

✉ 文件路径：无	◎ 视频文件：视频\第 02 章\024.MP4

【矩形】工具通过两个对角点的定位生成规则的矩形，绘制完成将自动生成封闭的矩形平面。【旋转矩形】工具主要通过指定矩形的任意两条边和角度，即可绘制任意方向的矩形，本例介绍其基本使用方法与技巧。

1. 通过鼠标创建矩形

步骤 01 打开 SketchUp，执行【绘图】|【形状】|【矩形】命令，或单击【绘图】工具栏【矩形】按钮，均可启用该绘制工具，如图 2-6 所示。

步骤 02 移动光标至绘图区域，当光标变成时，在绘图区内单击鼠标左键确定矩形第一个角点，然后再拖动确定第二个角点，即可创建出一个矩形，如图 2-7 所示。

图 2-6 通过菜单或工具栏启用矩形创建工具

图 2-7 直接通过鼠标拖动绘制矩形

→ 提示

当绘制的【矩形】长宽比满足 0.618 的黄金分割比率时，矩形内部将出现一条虚线，如图 2-8 所示，此时单击鼠标即可创建满足黄金分割比的矩形，如图 2-9 所示。

图 2-8　矩形内部虚线

图 2-9　满足黄金分割比的矩形

2. 通过输入参数创建精确大小的矩形

步骤 01 启用【矩形】工具，待光标变成 ⚞ 时，在绘图区单击确定矩形的第一个角点，然后在绘图区右下角尺寸标注框内输入矩形长、宽数值，注意中间使用逗号进行分隔，如图 2-10 所示。

步骤 02 输入长宽数值后，按下 Enter 键确认，即可生成准确大小的矩形，如图 2-11 所示。

图 2-10　输入长宽数值

图 2-11　矩形绘制完成

3. 绘制任意方向上的矩形

SketchUp2016 的旋转矩形工具 ▨ 能在任意角度绘制离轴矩形（并不一定要在地面上），这样方便了绘制图形，可以节省大量的绘图时间。

步骤 01 打开 SketchUp，执行【绘图】|【形状】|【旋转长方形】命令，或单击【绘图】工具栏【旋转矩形】按钮 ▨，均可启用该绘制工具，如图 2-12 所示。

步骤 02 调用【旋转矩形】绘图命令，待光标变成 ⚬ 时，在绘图区单击确定矩形的第一个角点，然后拖曳光标至第二个角点，确定矩形的长度，然后将鼠标往任意方向移动，如图 2-13 所示。

图 2-12　通过菜单或工具栏启用旋转矩形创建工具

图 2-13　绘制矩形长度

步骤 03 找到目标点后单击，完成矩形的绘制，如图 2-14 所示。

步骤 04 重复命令操作绘制任意方向矩形，如图 2-15 所示。

图 2-14　绘制立面矩形　　　　　　图 2-15　绘制任意矩形

4．绘制空间内的矩形

步骤 01 启用【旋转矩形】绘图命令，待光标变成 ![icon] 时，移动鼠标确定矩形第一个角点在平面上的投影点。

步骤 02 将鼠标往 Z 轴上方移动，按住 Shift 键锁定轴向，确定空间内的第一个角点，如图 2-16 所示。

步骤 03 确定空间内第一个角点后，即可自由绘制空间内平面或立面矩形，如图 2-17 与图 2-18 所示。

图 2-16　找到空间内的矩形角点　　图 2-17　绘制空间内平面矩形　　图 2-18　绘制空间内立面矩形

→提 示

　　在绘制空间内的矩形时，一定要通过蓝色轴线进行第一个角点位置的确定，否则只能绘制在同一平面内的矩形，如图 2-19 与图 2-20 所示。此外，可在已有的"面"上直接绘制矩形，以进行面的分割，如图 2-21 所示。

图 2-19　未出现蓝色轴线　　　　图 2-20　绘制完成效果　　　　图 2-21　用矩形分割表面

025 直线工具

✉ 文件路径：无	◉ 视频文件：视频\第 02 章\025.MP4

　　在 SketchUp 中"线"是最小的模型构成元素，因此【直线】工具的功能十分强大，除了可以使用鼠标直接进行绘制外，还能通过尺寸、坐标点进行精确绘制。

1. 通过鼠标绘制直线

步骤 01 打开 SketchUp，执行【绘图】|【直线】|【直线】命令，或单击【绘图】工具栏[直线] ✏ 按钮，均可启用线条绘制命令，如图 2-22 所示。

步骤 02 启用【直线】工具后，光标即变成 ✏ 状，此时在绘图区单击鼠标左键即可确定线段的起点，如图 2-23 所示。

图 2-22　通过菜单或工具栏启用直线工具　　　　图 2-23　确定直线起点

步骤 03 沿着线段目标方向拖动鼠标，同时观察屏幕【数值】输入框内输入的数值，确定线段长度后再次单击，即完成目标线段的绘制，如图 2-24 与图 2-25 所示。

图 2-24　观察当前直线长度　　　　　　　　图 2-25　完成直线绘制

→技 巧

　　在线段的绘制过程中，如果尚未确定线段终点，按下 Esc 键即可取消该次操作。如果连续绘制线段，则上一条线段的终点即为下一条线段的起点，因此可以绘制出任意的多边形平面，如图 2-26~图 2-28 所示。

图 2-26 绘制五边形   图 2-27 绘制六边形   图 2-28 绘制五角星

2. 通过输入绘制直线

步骤 01 如果需要绘制精确长度的线段，可以通过键盘输入的方式进行绘制。启用【直线】工具，待光标变成 ✎ 时，在绘图区单击确定线段的起点，如图 2-29 所示。

步骤 02 拖动鼠标至线段目标方向，在【数值】输入框输入线段长度，按下 Enter 键确定，即可生成精确长度的线段，如图 2-30 与图 2-31 所示。

图 2-29 确定直线起点   图 2-30 输入直线长度   图 2-31 精确长度的直线

→ 技 巧

在【数值】输入框直接输入线段长度，并按 Enter 键确定，如果只需要绘制该条线段，则按下 Esc 键结束绘制。

3. 绘制空间内的直线

步骤 01 通常直接绘制的线段都处于 XY 平面内，这里学习绘制垂直或平行 XY 平面的线段的方法。启用【直线】绘图命令，待光标变成 ✎ 状，在绘图区单击确定线段的起点，然后在起点位置向上移动鼠标以出现"在蓝色轴上"的提示，如图 2-32 所示。

步骤 02 找到线段终点单击确定，或直接输入线段长度，按下 Enter 键，即可创建垂直 XY 平面的线段，如图 2-33 所示。

图 2-32 确定与 Z 轴平行   图 2-33 绘制垂直 XY 平面的直线   图 2-34 确定与 X 轴平行

步骤 03 如 图 2-34 和图 2-35 所示继续指定下一条线段的终点，为了绘制出平行 XY 平面的线段，必须出现"在红色轴上"或"在绿色轴上"的提示。

→ 技 巧

在进行任意图形的绘制时，如果出现"在蓝色轴上"提示信息，则当前对象与 Z 轴平行，如果出现"在红色轴上"提示信息，则当前对象与 X 轴平行，如果出现在"在绿色轴上"提示信息，则当前对象与 Y 轴平行。

步骤 04 根据 图 2-34 所示操作，绘制线段如图 2-36 所示。根据图 2-35 所示操作，绘制线段效果如图 2-37 所示。

  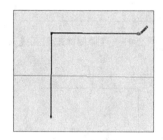

图 2-35　确定与 Y 轴平行　　图 2-36　在 X 轴上方平行 XY　　图 2-37　在 Y 轴上方平行 XY
　　　　　　　　　　　　　　　　　平面的直线　　　　　　　　　　平面的直线

4.　直线的捕捉与追踪功能

步骤 01 在 SketchUp 中可以自动捕捉到线条的端点与中点，如图 2-38 与图 2-39 所示。

→ 提 示

相交线段在交点处将一分为二，因此线段中点的位置与数量会如图 2-39 所示发生改变，同时也可以如图 2-40 和图 2-41 所示进行分段删除。此外，如果删除其中一条相交线段，另外一条线段将恢复原状，如图 2-42 所示。

图 2-38　捕捉直线端点　　　　图 2-39　捕捉直线中点　　　　图 2-40　选择删除右侧直线

步骤 02 绘制一条线条后，在垂直或水平方向移动鼠标，即可进行线条端点与中点的追踪，轻松绘制出长度为一半且与之平行的另一条线段，如 图 2-43~ 图 2-45 所示。

5.　拆分线段

步骤 01 SketchUp 可以对线段进行快捷的拆分操作。创建一条线段，选择后单击鼠标右键，选择【拆分】快捷菜单命令，如 图 2-46 所示。

步骤 02 默认将线段拆分为两段，如图 2-47 所示。向上或向下轻轻推动鼠标，即可逐步增加或减少拆分段数，如图 2-48 所示。

6．使用直线分割模型面

步骤 01 启用【直线】绘图命令，待光标变成 ✏ 时，将其置于"面"的边界线上，当出现"在边线上"的提示时单击鼠标，创建线段起点，如图 2-49 所示。

图 2-41　选择删除左侧直线

图 2-42　恢复单条直线

图 2-43　追踪起点

图 2-44　追踪中点

图 2-45　绘制完成

图 2-46　执行拆分命令

图 2-47　拆分为两段

图 2-48　拆分为四段

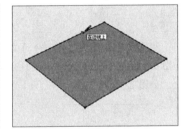
图 2-49　创建起点

步骤 02 将光标置于模型另一侧边线，同样在出现"在边线上"的提示时单击鼠标，创建线段端点，如图 2-50 所示。

步骤 03 此时在模型面上单击选择，可发现其已经被分割成左右两个"面"，如图 2-51 所示。

图 2-50　创建端点

图 2-51　分割模型面完成

图 2-52　分割线与普通线段的显示区别

→ 技 巧

在 SketchUp 中用于分割模型面的线段为细实线，普通线段为粗实线，如图 2-52 所示。

026 圆工具

✉ 文件路径: 无	◎ 视频文件: 视频\第 02 章\026.MP4

圆作为基本图形，广泛地应用于各种设计中，本例学习 SketchUp 圆的创建方法。

1. 通过鼠标新建圆

步骤 01 打开 SketchUp，执行【绘图】|【形状】|【圆】命令，或单击【绘图】工具栏【圆】按钮，均可启用圆工具，如图 2-53 所示。

步骤 02 移动光标至绘图区，待光标变成 ✐ 后单击鼠标，确定圆心位置，如图 2-54 所示。

图 2-53　通过菜单或工具栏启用圆创建工具　　　　图 2-54　单击鼠标左键确定圆心

步骤 03 拖动鼠标拉出圆的半径后再次单击，即可创建出圆平面，如图 2-55 与图 2-56 所示

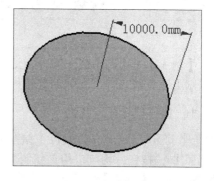

图 2-55　拖出半径大小　　　　　　　　　图 2-56　圆平面绘制完成

2. 通过输入新建圆

步骤 01 启用【圆】绘图命令，待光标变成 ✐ 时，在绘图区单击确定圆心位置，如图 2-57 所示。

步骤 02 直接在键盘上输入【半径】数值，然后按下 Enter 键，即可创建精确大小的圆平面，如图 2-58 与图 2-59 所示。

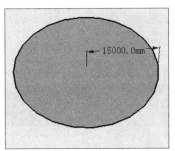

图 2-57　确定圆心　　　　　　图 2-58　输入半径值　　　　　图 2-59　圆平面绘制完成

→ 技 巧

　　在三维软件中，圆除了【半径】这个几何特征外，还有【边数】特征，【边数】越大，【圆】越平滑，所占用的内存也越大，SketchUp 亦是如此。在 SketchUp 中如果要设置【边数】，可以在确定好【圆心】后输入"数量 S"即可控制，如图 2-60~图 2-62 所示。

  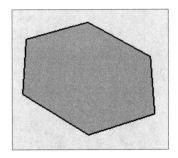

图 2-60　确定圆心　　　　　　图 2-61　输入圆边数　　　　　图 2-62　圆平面绘制完成

027 圆弧工具

📧 文件路径：无	◎ 视频文件：视频\第 02 章\027.MP4

　　【圆弧】是【圆】的一部分，复杂的弧形通常都是通过多段圆弧连接而成，因此在使用与控制上更具技巧性，本例即介绍相关的方法与技巧。

1. 通过鼠标新建圆弧

步骤(01) 打开 SketchUp，执行【绘图】|【圆弧】【两点圆弧】命令，或单击【绘图】工具栏【圆弧】 ◌ 按钮，均可启用该绘制命令，如图 2-63 所示。

步骤(02) 启用【圆弧】绘图命令，待光标变成 ✎ 时在绘图区单击确定圆弧起点，如图 2-64 所示。

步骤(03) 移动鼠标一段距离，单击确定圆弧的弦长，再向外侧移动鼠标形成圆弧，如图 2-65 所示。

步骤(04) 观察【数值输入框】中显示的数值，移动鼠标到合适位置后再次单击，确定圆弧效果，如图 2-66 所示。

图 2-63　启动两点圆弧命令

图 2-64　确定圆弧起点

图 2-65　确定圆弧起点

图 2-66　圆弧绘制完成

→技巧

　　如果要绘制半圆弧，则需要在拉出弧长后，往左或右移动鼠标，待出现"半圆"提示时单击确定，如图 2-67~图 2-69 所示。

图 2-67　确定圆弧起点

图 2-68　确定绘制半圆

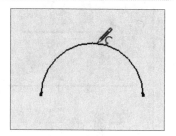

图 2-69　半圆绘制完成

2．通过输入新建圆弧

步骤 01 启用【圆弧】绘图命令，待光标变成 形状时，在绘图区单击，确定圆弧起点，如图 2-70 所示。

步骤 02 在【数值】输入框内输入【长度】数值，按下 Enter 键确认弦长，如图 2-71 所示。确定弦长后，在【数值】输入框内输入"数值 S"的格式设置圆弧段数，如图 2-72 所示。

图 2-70　确定圆弧起点

图 2-71　输入弦长

图 2-72　输入边数

步骤 03 确定圆弧段数后，通过移动鼠标确定凸出方向，最后在【数值】输入框内输入弧高数值，并按下 Enter 键，创建出精确大小的圆弧，如图 2-73 与图 2-74 所示。

→ 技 巧

> 除了通过【孤高】数值决定圆弧的弧度外，如果以"数字 R"格式进行输入，还可以半径数值绘制弧度，如图 2-75 所示。

图 2-73 输入凸距

图 2-74 绘制完成

图 2-75 利用半径确定弧度

3. 绘制相切圆弧

步骤 (01) 为了绘制与已有图形相切的圆弧，首先可以在其边侧创建一条辅助线，然后以辅助线的端点创建圆弧起点，如图 2-76 所示。

步骤 (02) 拉出圆弧后移动鼠标至已有线段上，待出现"在顶点处相切"提示时，如图 2-77 所示，单击确定生成圆弧，如图 2-78 所示。

图 2-76 确定圆弧起点

图 2-77 确定正切至顶点

图 2-78 相切圆弧绘制完成

4. 其余三种圆弧工具

默认的 2 点弧形工具 允许用户选取两个终点，然后选取第三个来定义"凸出部分"。【圆弧】工具 则通过先选取弧形的中心点，然后在边缘选取两个点，根据其角度定义用户的弧形，如图 2-79 与图 2-80 所示。【扇形】工具 以同样的方式运行，但生成的是一个楔形面，如图 2-81 与图 2-82 所示。【3 点画弧】工具 则通过先选取弧形的中心点，然后在边缘选取两个点，根据其角度定义用户的弧形，如图 2-83 与图 2-84 所示。

图 2-79 启动圆弧命令

图 2-80 圆弧工具

图 2-81 启动扇形命令

图 2-82　扇形工具

图 2-83　启动 3 点画弧命令

图 2-84　3 点画弧工具

028 多边形工具

✉ 文件路径：无	◎ 视频文件：视频\第 02 章\028.MP4

使用【多边形】工具可以绘制边数在 3~100 间的任意正多边形，本例将讲解其创建方法与边数控制技巧。

步骤 ⑴ 打开 SketchUp，执行【绘图】|【形状】|【多边形】菜单命令，或单击【绘图】工具栏【多边形】 ◎ 按钮，均可启用该绘制命令，如图 2-85 所示。

步骤 ⑵ 启用【多边形】绘图命令后，待光标变成 ⚲ 后，在绘图区单击确定多边形中心位置，如图 2-86 所示。

图 2-85　启用多边形创建工具

图 2-86　确定多边形中心点

步骤 ⑶ 移动鼠标确定【多边形】的切向，再以"数字 S"的格式输入多边形边数，并按 Enter 键确定，如图 2-87 所示。

步骤 ⑷ 输入【多边形】外接圆半径大小，如图 2-88 所示。按 Enter 键确定，创建精确大小的正 16 边形平面如图 2-89 所示。

图 2-87　输入多边形边数

图 2-88　输入外接圆半径值

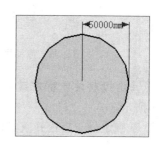

图 2-89　正 16 多边形平面绘制完成

→ 提示

　　【正多边形】与【圆】之间可以进行相互转换，如图 2-90~图 2-92 所示，当【正多边形】边数增大时，整个图形将显得圆滑了，效果就接近于圆。同样当【圆】的边数设置得较小时，其形状也会变成对应边数的【正多边形】。

图 2-90　正 5 边形

图 2-91　正 15 边形

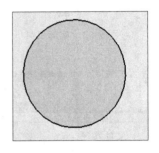

图 2-92　以 32 段绘制的圆

029　手绘线工具

文件路径：无	视频文件：视频\第 02 章\029.MP4

　　【手绘线】工具用于绘制一些无规则的线段组成的平面，在实际项目中绘制湖河边沿、乱石等效果，本例讲述其常规使用方法。

步骤 01 打开 SketchUp，执行【绘图】|【直线】|【手绘线】菜单命令，或单击【绘图】工具栏【手绘线】 按钮均可启用该绘制命令，如图 2-93 所示。

步骤 02 待光标变成时 后，在绘图区单击确定绘制起点，如图 2-94 所示，此时应保持鼠标左键为按下状态。

图 2-93　启动手绘线命令

图 2-94　确定手绘线起点

步骤 03 继续按住鼠标左键进行拖动，绘制出整体造型，并最终回到起点封闭线段，如图 2-95 所示。

步骤 04 确定封闭后松开鼠标，即自动生成由手绘线构成的封闭平面，如图 2-96 所示。

图 2-95　确定手绘线终点

图 2-96　手绘线绘制完成效果

2.2　编辑工具栏

030　移动工具

文件路径：配套资源\第 02 章\030	视频文件：视频\第 02 章\030.MP4

【移动】工具不但可以进行对象的移动，同时还兼具复制功能，本例即学习该工具的使用方法与技巧。

1.　移动对象

步骤 01　打开 SketchUp，执行【工具】/【移动】命令，或单击【编辑】工具栏✦按钮均可启用该编辑命令，如图 2-97 所示。

步骤 02　打开配套资源"第 02 章|030 移动工具.skp"模型文件，如图 2-98 所示。选择模型并启动【移动】工具，选择路灯底部作为移动参考点，如图 2-99 所示。

步骤 03　拖动鼠标即可在任意方向移动选择对象，将路灯置于移动目标点并再次单击，即完成对象的移动。

图 2-97　启用移动编辑工具

图 2-98　打开模型

图 2-99　启用移动并确定移动参考点

→ 技 巧

如果要精确控制移动的距离，可以在确定移动方向后直接输入准确的数值，然后按 Enter 键确定即可。

2. 移动复制对象

步骤 01 选择目标对象，启用【移动】工具，如图 2-100 所示。

步骤 02 按住 Ctrl 键，待光标将变成 ✛ 后，在移动对象上确定移动起始点，此时拖动鼠标即可以进行移动复制，如图 2-101 与 图 2-102 所示。

图 2-100　选择移动起始点　　　　图 2-101　移动复制　　　　图 2-102　移动复制完成

步骤 03 如果要进行精确距离的移动复制，可以在确定移动方向后输入指定的数值，然后按 Enter 键确定，如图 2-103~图 2-105 所示。

图 2-103　选择移动起始点　　　　图 2-104　输入间距数值　　　　图 2-105　精确移动完成

→ 技 巧

　　如果要以精确距离移动复制多个物体，则首先应输入精确的距离数值，并按 Enter 键确定，然后再以 "个数 X" 的形式输入复制数目，并再次按下 Enter 键确定即可，如图 2-106~图 2-108 所示。

图 2-106　输入移动距离　　　　图 2-107　输入复制数量　　　　图 2-108　等距复制多个对象

→ 技 巧

　　此外，还可以先确定复制间距总距离，再以"数字/"的格式输入复制数目，完成平均间距多个对象的复制，如图 2-109~图 2-111 所示。

图 2-109　输入移动总距离

图 2-110　输入复制数量

图 2-111　等距复制多个对象

→ 提 示

　　对于三维模型中的"面"，使用【移动】工具进行移动复制同样有效，如图 2-112~图 2-114 所示。

图 2-112　选择模型面

图 2-113　进行移动复制

图 2-114　移动复制完成

031　旋转工具

文件路径：配套资源\第 02 章\031	视频文件：视频\第 02 章\031.MP4

　　在 SketchUp 中，【旋转】工具用于旋转对象，同时也可以完成旋转复制，本例介绍旋转工具的使用与旋转复制的技巧。

1.　旋转对象

步骤 01 打开 SketchUp，执行【工具】/【旋转】命令，或单击【编辑】工具栏 ↻ 按钮，均可启用该编辑命令，如图 2-115 所示。

步骤 02 打开配套资源"第 02 章|031 旋转工具.skp"模型，如图 2-116 所示，其为一个指北针模型，接下来对其进行旋转操作。

图 2-115　启用旋转编辑工具

图 2-116　打开模型

步骤 03 选择模型，启用【旋转】工具，待光标变成 时拖动鼠标确定旋转平面，然后在模型表面确定旋转轴心点与轴心线，如图 2-117 所示。

步骤04 拖动鼠标，即可进行任意角度的旋转，为了确定旋转角度，可以观察数值框数值或直接输入旋转度数，单击鼠标即可完成旋转，如图 2-118 与图 2-119 所示。

图 2-117　选择模型　　　　　图 2-118　进行旋转　　　　　图 2-119　旋转完成

→技巧

　　启用【旋转】工具后，按住鼠标左键不放，往不同方向拖动将产生不同的旋转平面，从而使目标对象产生不同的旋转效果。当旋转平面显示为蓝色时，对象将以 Z 轴为轴心进行旋转，如图 2-120 所示；而显示为红色或绿色时，将分别以 X 轴或 Y 轴为轴心进行旋转，如图 2-121 和图 2-122 所示。如果以其他位置作为轴心，则以灰色显示。

图 2-120　以 z 轴为轴心进行旋转　　　图 2-121　以 X 轴为轴心进行旋转　　　图 2-122　以 Y 位置为轴心进行旋转

2．旋转部分模型

步骤01 除了对整个模型对象进行旋转外，还可以对表面已经分割好的模型进行部分旋转。选择模型对象要旋转的部分表面，然后确定好旋转平面，并将轴心点与轴心线确定在分割线端点，如图 2-123 所示。

步骤02 拖动鼠标确定旋转方向，然后直接输入旋转角度，按下 Enter 键，确定完成一次旋转，如图 2-124 所示。

步骤03 选择最上方的"面"，重新确定轴心点与轴心线，再次输入旋转角度并按下 Enter 键，完成旋转如图 2-125 所示。

图 2-123　选择旋转面　　　　　图 2-124　输入旋转角度　　　　　图 2-125　旋转完成

→ 技 巧

如果对 SketchUp 模型某个面进行旋转，则模型相关的面将发生自动扭曲，如图 2-126~图 2-128 所示。

图 2-126　选择旋转面　　　图 2-127　相关模型面进行自动扭曲　　　图 2-128　模型旋转完成效果

3.　旋转复制对象

步骤 01 选择目标对象并启用【旋转】工具，确定旋转平面、轴心点与轴心线。按住 Ctrl 键，待光标变成 后输入旋转角度数值，如图 2-129 所示。

步骤 02 按下 Enter 键确定旋转数值，再以"数量 X"的格式输入要复制的对象数目，再次按下 Enter 键确认，即可完成复制，如图 2-130 与图 2-131 所示

图 2-129　输入旋转角度　　　图 2-130　输入复制数量　　　图 2-131　旋转复制完成

→ 技 巧

除了上述复制方法外，还可以首先复制出多个复制对象之间首尾的模型，然后以"数量/"的形式输入要复制的对象数目，并按下 Enter 键确认，此时就会以平均角度进行旋转复制，如图 2-132~图 2-134 所示。

图 2-132　输入旋转角度　　　图 2-133　输入旋转数量　　　图 2-134　旋转复制完成

032 缩放工具

文件路径: 配套资源\第 02 章\032	视频文件: 视频\第 02 章\032.MP4

【缩放】工具用于对象的缩小或放大,既可以进行 X、Y、Z 三个轴向等比的拉伸,也可以进行任意轴向的非等比拉伸。

1. 等比缩放

步骤 01 打开 SketchUp,执行【工具】/【缩放】菜单命令,或单击【编辑】工具栏 按钮,均可启用该编辑命令,如图 2-135 所示。

步骤 02 打开配套资源"第 02 章|032 缩放工具.skp"模型,选择右侧的地球模型,启用【缩放】工具,模型周围即出现用于拉伸的栅格,如图 2-136 所示。

图 2-135 启用缩放编辑工具

图 2-136 打开模型

步骤 03 待光标变成 时,选择任意一个位于顶点的栅格点,即出现"等比缩放"提示,此时按住鼠标左键并进行拖动即可进行模型的等比缩放,如图 2-137 与图 2-138 所示。

步骤 04 确定缩放大小后,再次单击鼠标确定,缩放完成效果如图 2-139 所示。

图 2-137 选择缩放栅格顶点　　图 2-138 等比缩放　　图 2-139 等比中心缩放

步骤 05 除了直接通过鼠标进行缩放外,在确定好拉伸栅格点后,输入拉伸比例并按下 Enter 键,即可完成精确比例缩放,如图 2-140~图 2-142 所示。

图 2-140 选择缩放栅格顶点　　图 2-141 输入缩放比例　　图 2-142 精确等比缩放完成

→技巧

在进行精确比例的等比缩放时，数量小于 1 则为缩小，大于 1 则为放大。如果输入负值，则对象不但会进行比例的调整，其位置也会发生镜像改变，如图 2-143~图 2-145 所示。因此如果输入-1，则选择对象可以产生【镜像】的效果。

图 2-143　选择缩放栅格顶点　　图 2-144　输入负值缩放比例　　图 2-145　完成效果

→技巧

【等比缩放】均匀的改变对象三个轴向的尺寸大小，其整体造型并不会发生改变，通过【非等比缩放】则可以在改变对象尺寸的同时改变其造型。

2. 非等比缩放

步骤 01 选择用于缩放的地球仪模型，启用【缩放】工具，选择位于栅格线中间的栅格点，即可出现"红/绿色轴"或类似提示，如图 2-146 所示。

步骤 02 确定栅格点后，单击鼠标确定，拖动鼠标即可进行缩放，再次单击即可完成缩放，如图 2-147 与图 2-148。

图 2-146　选择缩放栅格线中点　　图 2-147　进行非等比缩放　　图 2-148　非等比缩放完成

→技巧

除了"绿/蓝色轴"的提示外，选择其他栅格点还可出现"红/蓝色轴"或"红/绿色轴"（或类似）的提示，出现这些提示时，都可以进行【非等比缩放】，如图 2-149 与图 2-150 所示。

图 2-149　绿/蓝轴非等比缩放　　图 2-150　绿/蓝轴非等比缩放　　图 2-151　中心点单轴非等比缩放

选择某个位于面中心的栅格点，还可进行 X、Y、Z 任意单个轴向上的【非等比缩放】，如图 2-151
所示即为 Y 轴上的【非等比缩放】。

033 偏移工具

文件路径: 无	视频文件: 视频\第 02 章\033.MP4

【偏移】工具可以将面以及线对象在进行移动的同时产生复制效果，本例介绍该工具使
用方法与技巧。

1. 面的偏移复制

步骤 01 打开 SketchUp，执行【工具】/【偏移】命令，或单击【编辑】工具栏 按钮，均可
启用该编辑命令，如图 2-152 所示。

步骤 02 在绘图区结合【矩形】与【圆弧】工具绘制一个平面，如图 2-153 所示，然后启用【偏
移】工具。

步骤 03 待光标变成 形状时，在要进行偏移的"平面"上单击，以确定偏移的参考点，向
内拖动鼠标即可进行偏移复制，如图 2-154 所示。

图 2-152　启用偏移复制工具　　　图 2-153　绘制平面　　　图 2-154　进行偏移复制

步骤 04 确定偏移大小后再次单击，即可同时完成偏移与复制。

——→提 示

【偏移】工具不仅可以向内进行收缩复制，还可以向外进行放大复制。在"平面"上单击确定偏移
参考点后，向外推动鼠标即可，如图 2-155~图 2-157 所示。

图 2-155　确定偏移参考点　　　图 2-156　向外偏移复制　　　图 2-157　向外偏移复制完成效果

步骤 05 如果要偏移复制指定的距离，可以在"平面"上单击确定偏移参考点并确定偏移方

向，然后直接输入偏移数值并按下 Enter 键确认，如图 2-158~　图 2-160 所示。

图 2-158　确定偏移参考点　　　　图 2-159　输入偏移距离　　　　图 2-160　精确偏移完成效果

→提示

　　【偏移】工具对任意造型的"面"均可进行偏移与复制，如图 2-161~图 2-163 所示。但对于"线"的复制则有所要求，接下来进行了解。

图 2-161　圆的偏移复制　　　　图 2-162　正多边形的编移复制　　　图 2-163　曲线平面的偏移复制

2. 线形的偏移复制

步骤 01 在 SketchUp 中，【偏移】工具无法对单独的线段以及交叉的线段进行偏移与复制，如图 2-164 与图 2-165 所示。

图 2-164　无法偏移复制单独线段　　　　图 2-165　无法偏移复制交叉线段

步骤 02 而对于多条线段组成的转折线、弧线，以及线段与弧形组成的线形，均可以进行偏移与复制，如图 2-166~图 2-168 所示。其操作方法与"面"的操作类似，这里就不再赘述。

图 2-166　偏移复制转折线

图 2-167　偏移复制弧线

图 2-168　偏移复制混合线形

034 推/拉工具

文件路径：无	视频文件：视频\第 02 章\034.MP4

【推/拉】工具是 SketchUp 将二维平面生成三维实体模型最为常用的工具，本列讲解其使用方法与技巧。

1. 推拉单面

步骤 01 打开 SketchUp，执行【工具】/【推/拉】命令，或单击【编辑】工具栏 按钮，均可启用该编辑命令，如图 2-169 所示。

步骤 02 在场景中创建一个正五边形，启用【推/拉】工具，移动光标至顶面，当光标变成 形状时，即可上下进行推拉，如图 2-170 所示。

步骤 03 观察【数值】输入框内数值，或直接输入目标高度数值，按下 Enter 键确认，即可完成推拉，如图 2-171 所示。

图 2-169　启动推/拉工具

图 2-170　向上拉伸平面

图 2-171　完成效果

步骤 04 在拉伸完成后，再次启用【推/拉】工具可以直接进行拉伸，如图 2-172 与 图 2-173 所示，如果此时按住 Ctrl 键进行推拉，则会以复制的形式进行拉伸，如图 2-174 所示。

图 2-172　已拉伸的模型

图 2-173　继续拉伸效果

图 2-174　拉伸复制效果

→ 技巧

对于异形的平面，如果直接使用【推/拉】工具，将拉伸出垂直的效果，如图 2-175 与图 2-176 所示。此时按住 Alt 键进行推拉，则可以避免该种现象，如图 2-177 所示。

图 2-175　异形三维模型

图 2-176　直接推拉效果

图 2-177　按住 Alt 键推拉效果

→ 提 示

【推/拉】工具不仅可以将平面转换成三维实体，还可以对三维实体已经分割好的"面"进行拉伸或挤压，以形成凸出或凹陷的造型。

2.　推拉分割实体面

步骤 01 启用【推/拉】工具，待光标变成 ♣ 时，将其置于将要拉伸的模型表面，如图 2-178 所示。

步骤 02 此时向下或向上推动鼠标，将分别形成凹陷或突出的效果，如图 2-179 与图 2-180 所示。

图 2-178　选择分割模型面

图 2-179　向下推动鼠标

图 2-180　向上推动鼠标

→ 技 巧

如果有多个面的推拉深度相同，则在完成其中某一个面的推拉之后，在其他面上使用【推/拉】工具直接双击，即可快速完成相同的推拉效果，如图 2-181~图 2-183 所示。

图 2-181　向下挤压面

图 2-182　挤压完成

图 2-183　双击快速完成相同挤压

035 路径跟随工具

✉ 文件路径: 配套资源\第 02 章\035   ◎ 视频文件: 视频\第 02 章\035.MP4

使用【路径跟随】工具，可以利用两个二维线型或平面生成三维实体，本例讲解该工具的操作方法与技巧。

1. 面与线的应用

步骤01 单击【编辑】工具栏 按钮，或执行【工具】/【路径跟随】菜单命令，均可启用该命令，如图 2-184 所示。

步骤02 打开配套资源"第 02 章|035 路径跟随一.skp"文件，如图 2-185 所示，场景中有一个平面图形与二维线型。

步骤03 启用【路径跟随】工具，待光标变成 后，单击选择其中的二维平面，如图 2-186 所示。

图 2-184 启用路径跟随工具

图 2-185 文件打开效果

图 2-186 选择截面图形

步骤04 将光标移动至线型附近，此时在线型上就会出一个红色的捕捉点，二维平面会根据该点至线型下方端点的走势生成三维实体，如图 2-187 所示。

步骤05 沿着线型推动鼠标直至完成效果，如图 2-188 与图 2-189 所示。

图 2-187 捕捉线条路径

图 2-188 捕捉弧线路径

图 2-189 跟随完成效果

→ 技巧

利用【跟随路径】工具，通过"面"与"面"的应用可以绘制出室内屋檐与顶棚角线等常用构件。

2. 面与面的应用

步骤 ⓵ 绘制线脚截面与屋檐平面二维图形，启用【路径跟随】工具，并单击选择角线截面，如图 2-190 所示。

步骤 ⓶ 待光标变成 ▶☜ 时，将其移动至顶棚平面图形，跟随其捕捉一周，然后单击鼠标确定捕捉完成，如图 2-191 与图 2-192 所示。

图 2-190　选择角线截面　　　　图 2-191　捕捉平面路径　　　　图 2-192　完成效果

→技巧

在 SketchUp 中，并不能直接创建球体、棱锥、圆锥等几何形体，通常在"面"与"面"上应用【路径跟随】工具进行创建，其中球体的创建步骤如图 2-193~图 2-195 所示。

图 2-193　选择圆平面　　　　图 2-194　捕捉底部圆　　　　图 2-195　完成效果

3. 实体上的应用

步骤 ⓵ 在 SketchUp 中利用【路径跟随】工具，还可以在实体模型上直接制作出边角细节。

步骤 ⓶ 首先在实体表面上直接绘制好边角轮廓，然后启用【跟路径随】工具并单击选择，如图 2-196 所示。

步骤 ⓷ 待光标变成 ▶☜ 时，单击选择边角轮廓，再将其光标置于实体轮廓线上，此时就可以参考出现的虚线确定跟随效果，如图 2-197 所示。

步骤 ⓸ 确定好跟随效果后单击，完成实体边角效果如图 2-198 所示。

→技巧

利用【路径跟随】工具直接在实体模型上创建边角效果时，如果捕捉完整的一周，将制作出如图 2-199 所示的效果。如果任意捕捉实体轮廓线进行制作，如图 2-200 所示，将得到如图 2-201 所示的效果。

图 2-196　选择边角截面

图 2-197　捕捉实体模型边线

图 2-198　完成效果

图 2-199　捕捉一周的效果

图 2-200　捕捉效果

图 2-201　完成效果

2.3 主要工具栏

036 创建组件

✉ 文件路径: 配套资源\第 02 章\036	◎ 视频文件: 视频\第 02 章\036.MP4

类似于 3ds max 中使用【组】管理场景中的模型，SketchUp 使用【组件】对场景模型进行管理，本例将学习创建与分解组件的操作方法。

1.　创建与分解组件

步骤①① 启动 SketchUp，打开配套资源"第 02 章|036 创建与分解组件.skp"模型，如图 2-202 所示，该场景为一个由门框、门页以及拉手组成的套门模型。

步骤①② 由于当前的模型并未形成【组件】，因此在常规选择时只能选择部分模型，不便于模型整体的移动与拉伸，如图 2-203 所示。

步骤①③ 按 Ctrl+A 组合键，选择所有模型，单击【常用】工具栏创建组件工具按钮 📦，或单击鼠标右键，选择【创建组件】命令，如图 2-204 所示。

步骤①④ 在弹出【创建组件】面板中设置【名称】等参数，单击【创建】按钮，即可将其创建为整体的组件，如图 2-205 与图 2-206 所示，套门模型将成为一个整体。

步骤①⑤ 此时单击选择，即可选择到组件整体，可以对其进行整体缩放与移动，如图 2-207 所示。

步骤①⑥ 如果要单独选择或编辑组件中的某个部分，可以将【组件】解散。在模型表面单击鼠标右键，在弹出菜单选择【炸开模型】命令即可。

图 2-202　门模型

图 2-203　未形成组件时的选择效果

图 2-204　选择【创建组件】命令

图 2-205　创建组件面板

图 2-206　创建门组件

图 2-207　整体拉伸

→技巧

> 　　在创建单面植物模型时，选择【创建组件】面板【总是朝向相机】复选框，随着相机的移动，制作好的植物组件也会保持转动，始终以正面面向相机，从而避免出现不真实的单面效果，如图 2-208~图 2-210 所示。

图 2-208　原始效果

图 2-209　勾选参数

图 2-210　自动调整效果

2. 组件的使用技巧

步骤 01　组件创建完成后，如果场景需要多个相同的模型，可以直接将组件进行复制，如图 2-211 所示。

步骤 02　如果在方案推敲的过程中需要统一修改组件，可以选择任意一个组件模型，单击鼠标右键选择【编辑组件】命令，如图 2-211~图 2-213 所示，其他组件模型会自动进行更新。

图 2-211 复制组件　　　　　图 2-212 选择编辑组件　　　　　图 2-213 编辑组件

步骤 03 如果要单独对某个组件进行造型调整，可以直接为其添加【缩放】命令，同时另一个组件也会相应的改变，相连关系如图 2-214 所示。

步骤 04 如果要保留单独的几个组件模型不变，对其他组件则需要进行统一修改。可以选择将保留的组件模型进行【设定为唯一】，如图 2-215 所示，然后使用【编辑组件】命令，对其他模型进行调整即可，与图 2-216 所示。

图 2-214 复制组件相连关系　　图 2-215 将保留模型进行设定　　图 2-216 设置自定项后操作结果
为唯一

037 组件的高级应用

📥 文件路径：配套资源\第 02 章\037	◎ 视频文件：无

常用的一些模型将其制作为【组件】后，可以选择将其导出为单独的模型，这样在其他的场景中就可以通过导入快速应用，本例介绍组件导出、导入以及组件库等与组件相关的高级应用。

1. 导出与导入组件

步骤 01 选择制作好的套门【组件】，在其表面单击鼠标右键，弹出快捷菜单，选择【另存为】命令，如图 2-217 所示。

步骤 02 在弹出的【另存为】面板中，设置好【文件名】，然后单击【保存】命令即可保存，如图 2-218 所示。

步骤 03 【组件】保存完成后，执行【窗口】/【组件】菜单命令，在弹出的【组件】面板中单击选择保存的【组件】，即可直接插入场景，如图 2-219~图 2-221 所示。

图 2-217　选择【另存为】命令

图 2-218　保存组件

→技巧

只有将【组件】保存在 SketchUp 安装路径中名为"Components"的文件夹内，才可以通过【组件】面板进行直接调用。

图 2-219　选择组件菜单命令

图 2-220　直接选择保存的组件

图 2-221　插入组件

→技巧

个人或者团队制作的【组件】通常都比较有限，Google 公司在收购 SketchUp 后，结合其强大的搜索功能，可以使 SketchUp 用户直接在网上搜索【组件】，同时也可以将自己制作好的组件上传到互联网供其他用户使用，这样全世界的 SketchUp 用户就构成了一个十分庞大的网络【组件库】。

2．组件库与共享

步骤 01　单击【组件】面板下拉按钮，在弹出的菜单中选择对应的组件类型名称，如图 2-222 所示。

步骤 02　此时自动进入 Google 3D 模型库进行搜索，如图 2-223 所示。

图 2-222　组件下拉按钮菜单

图 2-223　搜索 Google 3D 模型库

步骤 03　除了搜索下拉按钮中默认的【组件】类型外，用户还可以如图 2-224 所示进行自定义搜索。

步骤 04 搜索完成后，单击搜索结果中的目标【组件】，进入如图 2-225 所示的模型下载页面。

步骤 05 下载完成后即可将其直接插入场景，如图 2-226 所示。

图 2-224　单独搜索汽车模型　　　图 2-225　下载选择的模型　　　图 2-226　插入下载组件

步骤 06 如果要上传制作好的【组件】，则首先将其选择，然后添加【共享组件】命令，如图 2-227 所示。

步骤 07 进入【3D 模型库】上传面板，如图 2-228 所示，单击【上载】按钮即可进行上传。上传成功后，其他用户即可通过互联网进行搜索与下载，如图 2-229 所示。

图 2-227　选择共享组件命令　　　图 2-228　上载组件　　　图 2-229　上载完成

→ 技 巧

使用 Google 3D 模型库进行【组件】上传前，需注册 Google 用户并同意上传协议。

038 材质工具

文件路径：配套资源\第 02 章\038	视频文件：视频\第 02 章\038.MP4

在写实效果表现上，SketchUp 并不具备优势，但其与材质相关的工具却设置得十分全面，在制作风格效果时十分有效，本例讲解材质赋予的流程。

步骤 01 打开配套资源"第 02 章|038 材质工具.skp"，该场景为一个没有任何材质效果栅栏模型，如图 2-230 所示。

步骤 02 首先为两侧赋予材质，单击【材质】工具按钮，或执行【工具】/【材质】菜单命令，如图 2-231 所示，均可打开【材料】面板，如图 2-232 所示。

图 2-230　材质原始模型　　　　图 2-231　启用材质工具　　　图 2-232　打开材质面板

步骤 03 通过材质下拉列表或直接单击对应名称文件夹，可以快速选择材质种类，如图 2-233 与 图 2-234 所示。

步骤 04 进入名为 "玻璃和镜子" 的文件夹，选择其中的 "半透明安全玻璃" 材质，如图 2-235 所示。光标变成 后，将光标置于车窗玻璃处单击，赋予材质，如图 2-236 所示。

图 2-233　使用材质下拉列表　　　图 2-234　单击文件夹　　　图 2-235　选择材质目标对象

步骤 05 进入名为 "颜色" 的文件夹，为车身赋予 "红色" 材质，使用同样的方法赋予同样的材质，如图 2-237 与图 2-238 所示。

图 2-236　赋予材质　　　图 2-237　将光标置于模型表面　　　图 2-238　单击赋予材质

→ 技 巧

　　如果场景中的模型已有了材质，可以单击【模型中】按钮 进行查看，如图 2-239 与图 2-240 所示。此外还可以单击【样本颜料】按钮 ，直接在模型表面吸取其所具有的材质，如图 2-241 所示。

图 2-239　单击模型中按钮　　　图 2-240　显示场景已有材质　　　图 2-241　吸取模型已有材质

——→提 示

　　SketchUp 的【材料】面板虽然提供了许多材质，但其并不一定能满足各类设计的需要，此时可以通过选择已有材质，再进入【编辑】选项卡进行修改，也可以直接单击【创建材质】按钮 ⬛ 制作新的材质。材质制作的方法与技巧请大家参考本书材质制作的相关章节。

039 纹理图像调整

📧 文件路径：配套资源\第 02 章\039	💿 视频文件：视频\第 02 章\039.MP4

　　材质除了色泽、纹理效果外，如何控制好纹理大小与位置，表现出合适、合理的拼贴效果，也是一个重要的细节，本例介绍材质纹理拼贴效果控制的方法。

1.　纹理图像位置

步骤 01 打开本书配套资源"第 02 章|039 纹理图像位置.skp"模型，其为一个空白的书本模型，如图 2-242 所示。

步骤 02 单击【材料】面板右上角的【新建材质】按钮 ⬛，然后为其添加光盘中附带的书本封皮纹理，如图 2-243 所示。

图 2-242　打开模型并创建材质　　　　　　图 2-243　添加书本封皮纹理

步骤 03 将制作好的材质赋予封面，如图 2-244 所示。单击鼠标右键，执行【纹理】/【位置】命令，如图 2-245 所示，显示出纹理控制四色别针，如图 2-246 所示。默认状态下光标为默认抓手图标 🖐，此时按住鼠标即可平移纹理位置，接下来详细了解各色别针的功能。

图 2-244　赋予材质　　　　图 2-245　选择纹理/位置命令　　　图 2-246　显示四色别针

步骤 04 移动别针。四色别针中红色别针为纹理【移动】工具，执行【位置】命令后默认即启用该功能，此时可以拖动鼠标进行任意方向的移动，如图 2-247~图 2-249 所示。

图 2-247　原始纹理位置　　　　图 2-248　向下平移纹理　　　　图 2-249　向右平移纹理

——>技 巧

透明平面内显示了纹理整个的分布效果，因此可以配合纹理【移动】工具可以十分方便地将目标纹理区域移动至模型表面。

步骤 05 拉伸/旋转别针。四色别针中绿色别针为纹理【等比拉伸/旋转】工具，按住该按钮上下拖动，可以等比拉伸纹理大小，左右拖动则改变纹理平铺角度，如图 2-250~图 2-252 所示。

图 2-250　选择拉伸剪切别针　　　图 2-251　向下推动鼠标　　　　图 2-252　向右移动鼠标

步骤 06 扭曲别针。四色别针中黄色别针为纹理【扭曲】工具，按住该按钮向任意方向拖动鼠标，将对纹理进行对应方向的扭曲，如图 2-253~图 2-255 所示。

图 2-253　选择扭曲别针　　　　图 2-254　向右上角推动鼠标　　　图 2-255　向右下角推动鼠标

步骤 07 非等比拉伸扭曲别针。四色别针中蓝色别针为纹理【非等比拉伸/扭曲】工具，按住该按钮在水平左右移动，将对纹理进行等比拉伸，上下移动则将对纹理进行平行四边扭曲，如图 2-256~图 2-258 所示。

图 2-256　选择拉伸/旋转别针　　　图 2-257　非等比拉伸纹理　　　　图 2-258　上下扭曲纹理

步骤 08 掌握四色别针的使用方法与功能后，可以发现本例中的封面纹理首先需要经过等比放大与旋转，然后经过非等比拉伸调整好长度，最后通过移动确定好位置，即可得到理想的纹理显示效果，如图 2-259~图 2-261 所示。

图 2-259　等比放大并旋转纹理　　　图 2-260　调整纹理长度　　　　图 2-261　移动纹理位置

→技巧

如果已经通过【完成】菜单结束调整，此时如果要进行效果的返回，可以选择【纹理】菜单下的【重设位置】命令。

2. 处理转角纹理

步骤 01 在工作中经常会遇到在多个转折面需要赋予相关材质的情况，如书本封面与书脊纹理，如果直接赋予材质，效果通常会不理想，如图 2-262 所示。

步骤 02 为了得到理想的转角衔接效果，可以先单击启用【样本颜料】按钮 🖊，然后按住 Alt

键在已经制作好材质的封面上吸取材质，如图 2-263 所示。

步骤 03 吸取材质后松开 Alt 键，待光标变成 🎨 形状后，在书脊处单击鼠标，赋予材质，即可形成理想的转角纹理衔接效果，如图 2-264 所示。

图 2-262　直接赋予材质效果　　图 2-263　按住 Alt 键吸取材质　　图 2-264　吸取后赋予的效果

3.　镜像与旋转

步骤 01 通过【纹理】/【位置】命令调整完成再次单击鼠标右键，将弹出如图 2-265 所示的快捷菜单。

步骤 02 如果确定调整完成，可以选择【完成】菜单结束调整，如果要返回初始效果，则单击【重设】按钮返回。

步骤 03 通过【镜像】子菜单，可以快速对当前调整的效果进行【左/右】与【上/下】的镜像，如图 2-266 与图 2-267 所示。

图 2-265　右键快捷菜单　　图 2-266　左/右镜像纹理效果　　图 2-267　上/下镜像纹理效果

步骤 04 通过【旋转】子菜单，则可以快速对当前调整的效果进行 90、180、270 三种角度的旋转，如图 2-268~图 2-270 所示。

图 2-268　旋转 90°后的纹理效果　　图 2-269 旋转 180 度°后的纹理效果　　图 2-270　旋转 270°后的纹理效果

4．曲面投影纹理

【纹理】菜单下的【投影】命令用于在曲面上制作贴合的纹理图像效果，具体使用方法如下：

步骤01 打开配套资源"第 02 章|040 纹理图像投影.skp"模型，如图 2-271 所示。此时如果直接在其表面赋予纹理图像，将得到凌乱的拼贴效果，如图 2-272 所示。

步骤02 为了在曲面上得到贴合的纹理图像效果，首先在其正前方创建一个宽度相等的长方形平面，如图 2-273 所示。

图 2-271　打开模型

图 2-272　直接赋予纹理图像的效果

图 2-273　创建平面

步骤03 执行【视图】|【显示模式】|【X 光透视模式】菜单命令，使场景模型产生透明效果，以便于观察纹理图像，如图 2-274 所示。然后将材质纹理图像赋予平面模型，并调整好拼贴效果如图 2-275 所示。

步骤04 选择平面模型并单击鼠标右键，单击【纹理】菜单【投影】命令，如图 2-276 所示。

图 2-274　进入 X 光透视模式

图 2-275　赋予纹理图像至平面

图 2-276　选择投影命令

步骤05 单击【材料】面板【样本颜料】按钮，按住 Alt 键，吸取赋予在平面模型上的材质，如图 2-277 所示。

步骤06 松开 Alt 键，当光标变成时，将材质赋予曲面，此时在曲面上出现贴合的纹理图像效果，如图 2-278 所示。

步骤07 此时纹理图像如果出现方向错误，可以选择平面并单击鼠标右键，选择快捷菜单【位置】命令，使用前一节介绍过的【镜像】命令进行镜像，如图 2-279 与图 2-280 所示。

步骤08 执行纹理图像【投影】操作，即可得到正确的纹理图像效果，如图 2-281 与图 2-282 所示。

图 2-277　按住 Alt 键吸取材质

图 2-278　投影至曲面

图 2-279　选择【位置】菜单命令

图 2-280　镜像纹理图像位置

图 2-281　投影纹理图像

图 2-282　投影完成效果

040 擦除工具

文件路径：配套资源\第 02 章\040		视频文件：视频\第 02 章\040.MP4

　　擦除工具比较简单，用于擦除场景中各种类型的线形，在实际工作中通常先选择擦除对象，然后按 Delete 键进行擦除。

步骤 01 任意创建一个矩形，单击 SketchUp【主要】工具栏【擦除】工具按钮 🖉，如图 2-283 所示。

步骤 02 待光标变成 🖉 时，将其置于目标线段上方，单击鼠标即可直接将其擦除，如图 2-284 所示。

→ 技 巧

　　擦除工具不能直接擦除"面"，如　图 2-285 所示。

图 2-283　单击擦除线段

图 2-284　擦除线段完成

图 2-285　不能直接擦除面

2.4 建筑施工工具栏

041 卷尺工具

文件路径: 配套资源\第 02 章\041	视频文件: 视频\第 02 章\041.MP4

【卷尺】工具不仅用于距离的精确测量，也可以用于制作精准的辅助线。本例介绍其操作方法与使用技巧。

1. 测量距离工具使用方法

步骤 01 单击【建筑施工】工具栏 🔎 按钮，或执行【工具】/【卷尺】菜单命令，均可启用该命令，如图 2-286 所示。

步骤 02 打开配套资源"第 02 章|041 卷尺工具.skp"模型，启用【卷尺】工具，待光标变成 ⁺🔎 时，在转角处单击确定测量起点，如图 2-287 所示。

步骤 03 拖动光标至对侧转角，并再次单击确定，即在【输入】数值框中看到测量得到的长度数值，如图 2-288 所示。

图 2-286 启用测量工具

图 2-287 打开模型选定测量起点

图 2-288 测量完成效果

→ 技 巧

进入【模型信息】面板选择【单位】选项卡，调整其【精确度】参数，可以得到更为精确的测量结果，如图 2-289 与图 2-290 所示。

图 2-289 调整精确度

图 2-290 精确测量数值

2. 测量距离的辅助线功能

步骤 01 启用【卷尺】工具，单击鼠标确定【延长】辅助线起点，然后拖动鼠标确定延长端点，如图 2-291 所示。

步骤 02 输入延长数值并按 Enter 键确定，即可生成【延长】辅助线，如图 2-292 与图 2-293 所示。接下来学习【偏移】辅助线的创建方法。

图 2-291　确定延长端点　　　　图 2-292　输入延长数值　　　　图 2-293　创建延长辅助线

步骤 03 启用【卷尺】工具，选定偏移参考位置后单击鼠标，【偏移】辅助线起点，然后拖动鼠标确定【偏移】辅助线方向，如图 2-294 所示

步骤 04 输入偏移数值并按 Enter 键确定，即可生成【偏移】辅助线，如图 2-295 和图 2-296 所示。

图 2-294　选择偏移起点　　　　图 2-295　输入偏移数值　　　　图 2-296　创建偏移辅助线

3. 辅助线的删除、隐藏与显示

辅助线可以使用如图 2-297 所示的【删除参考线】菜单命令进行删除，也可以使用如图 2-298 和图 2-299 所示的【隐藏】与【取消隐藏】菜单命令进行隐藏与显示。

图 2-297　删除参考线命令　　　　图 2-298　隐藏菜单命令　　　　图 2-299　取消隐藏菜单命令

042 量角器工具

文件路径：配套资源\第 02 章\042   视频文件：视频\第 02 章\042.MP4

【量角器】工具同样兼具角度测量与制作角度辅助线的功能，本例讲解其操作方法与使用技巧。

1. 测量角度

步骤 01 单击【建筑施工】工具栏 按钮，或执行【工具】/【量角器】菜单命令，均可启用该命令，如图 2-300 所示。

步骤 02 打开配套资源"第 02 章|042 角度测量.skp"模型，启用【量角器】工具，待光标变成 时，选定测量角点并拖动鼠标确定第一条角度边线，如图 2-301 所示。

步骤 03 确定第一条边线后，再捕捉到另一条边线单击确定，即可在【数值】输入框内观察至测量角度，如图 2-302 所示。

图 2-300 启用量角器工具   图 2-301 确定测量角点与第一条边线   图 2-302 测量角度完成

→ 技巧

通过相应精度的调整，测量出的角度值也可以显示出非常精确的数值，具体调整方法可以参考上一实例。

2. 辅助线功能

步骤 01 启用【量角器】工具，在目标位置单击鼠标，确定顶点位置，然后拖动鼠标创建角度起始线，如图 2-303 与图 2-304 所示。

步骤 02 在【数值】输入框中输入角度数值并按 Enter 键确定，即将以起始线为参考，创建相对角度的辅助线，如图 2-305 所示。

图 2-303 确定测量位置   图 2-304 确定起始线   图 2-305 绘制角度辅助线

043 尺寸标注工具

📧 文件路径：配套资源\第 02 章\043　　　◎ 视频文件：视频\第 02 章\043.MP4

SketchUp 具有十分强大的【标注】功能，利用其完全可以满足施工图标注所要求的精度，这也 SketchUp 相对于其他三维软件所具有的一个明显优势，本例将详细介绍长度、半径以及直径三种标注的方法与技巧。

1.　长度标注

步骤 01 单击【建筑施工】工具栏 ✕ 按钮，或执行【工具】/【尺寸】菜单命令均可启用该命令，如图 2-306 所示。

步骤 02 启用【尺寸】工具，在标注起点处单击鼠标，进行确定，如图 2-307 所示。

步骤 03 拖动鼠标至标注端点再次单击确定，然后往任意方向拖动鼠标放置标注，即可完成标注，如图 2-308 所示。

图 2-306　启动尺寸标注命令　　　图 2-307　确定标注端点　　　图 2-308　标注完成

→ 技 巧

可以在多个位置放置标注，实现三维标注的效果，如图 2-309 ~ 图 2-311 所示。此外调整【模型信息】面板中的精确度可以标注出十分精确的数值。

图 2-309　向下放置标注　　　图 2-310　向上旋转标注　　　图 2-311　向后放置标注

2.　半径标注

步骤 01 启用【尺寸】工具，在目标弧线上单击鼠标，确定标注对象，如图 2-312 所示。

步骤 02 往任意方向拖动鼠标放置标注，确定放置位置后单击，即可完成半径标注，如图 2-313 所示。

图 2-312　选择弧形边线

图 2-313　半径标注完成

3.　直径标注

步骤01 启用【尺寸】工具，在目标圆边线上单击鼠标，确定标注对象，如图 2-314 所示。

步骤02 往任意方向拖动鼠标放置标注，确定放置位置后单击即可完成直径标注，如图 2-315 所示。

图 2-314　选择圆边线

图 2-315　直径标注完成效果

044　设置与修改标注样式

文件路径：配套资源\第 02 章\044　　　视频文件：视频\第 02 章\044.MP4

　　【标注】均由【箭头】、【标注线】以及【标注文字】构成，本例讲解如何设置和修改标注样式的方法。

1.　设置标注样式

步骤01 执行【窗口】/【模型信息】菜单命令，如图 2-316 所示。在弹出的【模型信息】面板中选择【尺寸】选项卡，如图 2-317 所示，通过该选项卡即可设置与调整【标注】样式。

图 2-316　选择场景信息菜单

图 2-317　选择尺寸标注选项卡

步骤 **02** 单击【文本】参数组内的色块与【字体】按钮，分别可设置字体的颜色与样式等效果，如图 2-318 ~ 图 2-320 所示。

图 2-318　调整文字颜色

图 2-319　字体设置面板

步骤 **03** 打开【引线】参数组【端点】下拉列表，可以选择【无】、【斜线】、【点】、【闭合箭头】、【开放箭头】四种标注端点效果，如图 2-321 ~ 图 2-325 所示。

图 2-320　不同字体的标注效果

图 2-321　端点下拉列表

图 2-322　斜线标注

图 2-323　点端点标注

图 2-324　闭合箭头标注

图 2-325　开放箭头标注

步骤 **04** 在【尺寸】参数组内，可以调整【标注文字】与【尺寸线】的位置关系，如图 2-326 所示。默认设置为【对齐屏幕】选项，选择该选项时无论如何转动模型，【标注文字】始终呈横向的平行显示，如图 2-327 所示。

图 2-326　选择对齐屏幕　　　　　　　　图 2-327　对齐屏幕标注效果

步骤 05 选择【对齐尺寸线】单选按钮，则可以打开如图 2-328 所示的下拉列表，切换【上方】、【居中】、【外部】三种方式，效果分别如图 2-329~图 2-331 所示。

图 2-328　三种尺寸线对齐方式　　　　　图 2-329　上方对齐效果

2. 修改标注样式

步骤 01 单击【尺寸】选项卡【选择全部尺寸】或【更新选定的尺寸】按钮，可以进行场景全局或单独的标注样式修改，如图 2-332 所示。

图 2-330　居中对齐效果　　　图 2-331　外部对齐效果　　　图 2-332　选择与更新按钮

步骤 02 对于单个或少数【标注】的修改，可以通过鼠标右键快捷菜单完成，如图 2-333~图 2-335 所示。

图 2-333　选择编辑文本　　　图 2-334　文字位置快捷调整菜单　　　图 2-335　双击修改文字内容

045 文字标注工具

文件路径：配套资源\第 02 章\045　　　　视频文件：视频\第 02 章\045.MP4

使用【文字】工具，可以对图形面积、线段长度、定点坐标进行文字标注，本例讲解相关的操作方法与技巧。

1. 系统标注

步骤 01 打开 SketchUp，执行【工具】/【文字】菜单命令，或单击【建筑施工】工具栏 按钮，如图 2-336 所示，均可启用【文字】，从而对图形面积、线段长度、定点坐标进行文字标注。

步骤 02 打开配套资源"第 02 章|045 文字标注.skp"模型，启用【文字】功能，待光标变成 后，将光标移动至目标平面对象表面单击鼠标，确定【文字】端点位置，如图 2-337 所示。

步骤 03 拖动鼠标到任意位置，放置【文字】，再次单击鼠标确定，如图 2-338 所示。

图 2-336　文字标注工具

图 2-337　指定端点

图 2-338　单击拉出标注效果

步骤 04 线形和点标注效果如图 2-339 和图 2-340 所示。

→ 技 巧

启用【文字】工具后，直接双击可以快速完成标注。

2. 用户标注

步骤 01 用户可以非常自由地修改文字标注的内容，特别适用于对材料类型、特殊做法以及细部构造进行详细的文字说明。启用【文字】工具后，首先将光标移动至目标平面对象表面，如图 2-341 所示。

图 2-339　线形标注

图 2-340　点标注

图 2-341　选择标注平面

步骤 02 单击确定【文字】端点位置，然后拖动鼠标在任意位置放置【文字】，此时用户即可自行编辑标注内容，如图 2-342 与图 2-343 所示。

图 2-342　进行材质文字标注

图 2-343　进行工艺文字标注

步骤 03 标注内容编写完成后，再次单击鼠标，即可完成自定义标注。

→ 技 巧

在标注完成后，还可以双击【文字】修改文字内容，此外在文字标注上单击鼠标右键，通过快捷菜单还能修改标注的样式，如　图 2-344 与　图 2-345 所示。

图 2-344　通过右键菜单修改箭头样式

图 2-345　通过右键菜单修改标注引线样式

046 轴工具

文件路径：配套资源\第 02 章\046	视频文件：视频\第 02 章\046.MP4

SketchUp 和其他三维软件一样，也是通过【轴】进行位置的参照，本例介绍自定义坐标轴以方便绘图的方法。

步骤 01 打开 SketchUp，执行【工具】/【坐标轴】菜单命令，或单击【建筑施工】工具栏 ✳ 按钮，即可启用【轴】自定义功能，如图 2-346 所示。

步骤 02 打开配套资源"第 02 章|046 坐标轴定义.skp"文件，启用【轴】工具，待光标变成 ⌐ 后，移动鼠标将其放置于目标位置，单击确定新的坐标原点位置，如图 2-347 所示。

步骤 03 确定目标位置后，可以左右拖动鼠标，自定义【坐标】X、Y 的轴向，调整到目标方向后单击鼠标，确定即可，如图 2-348 所示。

步骤 04 确定 X、Y 轴向后，上下拖动鼠标可以自定义【坐标】Z 轴方向，如图 2-349 所示。

调整完成后再次单击鼠标，即可完成【轴】的自定义，如图 2-350 所示。

图 2-346　启用自定义坐标轴

图 2-347　定义新的坐标原点

图 2-348　确定 XY 轴轴向

图 2-349　确定 Z 轴轴向

图 2-350　新的坐标轴

047 三维文字工具

✉ 文件路径：无	◎ 视频文件：视频\第 02 章\047.MP4

SketchUp 通过【三维文字】工具可以快速创建三维或平面的文字效果。

步骤 01 单击【建筑施工】工具栏 ⬤ 按钮，或执行【工具】/【三维文字】菜单命令，即可启用该功能，如图 2-351 所示。

步骤 02 系统将弹出【放置三维文本】设置面板，在文字输入框内输入自定义文字内容，如图 2-352 所示。

图 2-351　启用三维文字命令

图 2-352　调整参数

步骤 03 保持默认参数不变，单击【放置】按钮，再在绘图区任意位置单击，即可创建得到具有厚度的文字，如图 2-353 所示。

步骤 04 如果在【放置三维文本】设置面板不勾选【填充】选项，所创建的文字将成为线形，如图 2-354 所示

步骤 05 如果在【放置三维文本】设置面板仅勾选【填充】复选框，则创建的文字为平面，如图 2-355 所示。

图 2-353　三维文字效果

图 2-354　线形文字

图 2-355　平面文字

2.5 相机工具栏

048 定位相机工具

📧 文件路径：配套资源\第 02 章\048	◎ 视频文件：视频\第 02 章\048.MP4

SketchUp 相机工具可以快速设定场景的观察角度，并能通过镜头值调整透视效果，本例介绍其操作方法与技巧。

步骤 01 打开 SketchUp，执行【相机】/【定位相机】命令，或单击【相机】工具栏 🔓 按钮，均可启用该命令，如图 2-356 所示。

步骤 02 打开配套资源"第 02 章|048 定位相机.skp"模型，启用【定位相机】命令，待光标变成 🔓 形状时，将光标移动至目标放置点，通过【数值】输入框可进行视高的设置，如图 2-357 所示。

图 2-356　启用镜头位置工具

图 2-357　输入镜头视高

步骤 03 设置好视高后按下 Enter 键，再拖动鼠标设置视角观察方向，松开鼠标即可完成视角与高度的设置，如图 2-358 与图 2-359 所示。

图 2-358　设置观察方向

图 2-359　完成效果

→技 巧

完成镜头角度设置后，光标将变成 👁 状，即自动启用【绕轴旋转】工具，下个实例即学习正面观察工具的使用方法。

049　绕轴旋转工具

✉ 文件路径：配套资源\第 02 章\049	◎ 视频文件：视频\第 02 章\049.MP4

【绕轴旋转】工具用于调整镜头观察方向，区别于旋转视图，该旋转将以观察点以轴心进行旋转，本例介绍其具体使用方法。

步骤 01 打开 SketchUp，执行【相机】/【观察】命令，或单击【相机】工具栏 👁 按钮，均可启用该命令，如图 2-360 所示。

步骤 02 打开配套资源"第 02 章|049 绕轴旋转.skp"文件，开启【绕轴旋转】工具，待光标变成 👁 形状时，在场景任意位置按住鼠标设定旋转轴点，如图 2-361 所示。

步骤 03 按住鼠标向任意方向拖动，鼠标视角将产生对应的变化，如图 2-362 所示。

图 2-360　启用绕轴旋转工具

图 2-361　设定旋转轴点

图 2-362　进行绕轴旋转

050　漫游工具

✉ 文件路径：配套资源\第 02 章\050	◎ 视频文件：视频\第 02 章\050.MP4

通过 SketchUp【漫游】工具，可以模拟出模型跟随观察者移动，从而在镜头视图内产生

连续变化的漫游动画效果，本例讲解该工具的操作方法。

步骤 01 单击【相机】工具栏 👣 按钮，或执行【相机】/【漫游】菜单，即可启用该命令，如图 2-363 所示。待光标变成 👣 形状后，通过鼠标和按住 Ctrl 键、Shift 键配合，即可完成前进与转向、上移、加速等漫游动作。

步骤 02 打开配套资源"第 02 章|050 漫游工具.skp"场景，如图 2-364 所示。启用【漫游】工具，在视图内按住鼠标设定漫游起始点，如图 2-365 所示。

图 2-363　启用漫游工具　　　　　　　　　　图 2-364　打开漫游工具场景

步骤 03 设定漫游起始点后，按住鼠标向任意方向推动摄影机，即可产生前进、倒退以及左右转向的效果，如图 2-366~图 2-367 所示。

图 2-365　设定漫游起始点　　　图 2-366　按住鼠标向前漫游　　　图 2-367　按住鼠标向后漫游

步骤 04 按住 Shift 键的同时上下移动鼠标，则可以升高或降低摄影机视点，如图 2-368~图 2-370 所示。

步骤 05 如果按住 Ctrl 键的同时推动鼠标，则会产生加速前进的效果。

图 2-368　漫游起始高度　　　图 2-369　向上调整漫游高度　　　图 2-370　向下调整漫游高度

第3章

SketchUp 高级功能

本章学习 SketchUp【组】、【实体工具】、【沙盒】、【图层】、【截面】以及文件导出导入等高级功能，如图 3-1~图 3-5 所示，以全面掌握模型的创建、场景的管理，以及 SketchUp 与其他软件交互的方法与技巧。

图 3-1　组功能

图 3-2　实体工具工具栏

图 3-3　沙盒工具栏

图 3-4　图层工具栏

图 3-5　截面工具栏

3.1 组与实体工具

051 组功能

文件路径: 配套资源\第 03 章\051	视频文件: 视频\第 03 章\051.MP4

相比于【组件】，SketchUp【组】工具对于场景中相关模型的管理更为简便，因此在实际工作中应该根据场景的需要，灵活使用这两种管理方式，本例介绍【组】的操作方法与使用技巧。

1. 创建与分解组

步骤 01 打开配套资源"第 03 章|051 群组工具.skp"场景，其为一个由餐桌椅与餐具组成的简单场景，如图 3-6 所示。

步骤 02 由于此时未创建【组】，选择时只能选择到部分模型面，进行移动等操作时容易产生模型变形，如图 3-7 与图 3-8 所示。

图 3-6　打开场景模型

图 3-7　选择模型面

图 3-8　模型移动错位

步骤 03 为了避免类似的误操作，首先选择其中的单个餐椅模型，单击鼠标右键，选择【创建群组】命令，如图 3-9 所示。

步骤 04 将单个的餐椅创建为【组】后，即可对其进行整体移动与旋转，轻松调整模型位置和方向，如图 3-10 与图 3-11 所示。

图 3-9　选择模型创建组

图 3-10　整体移动组模型

图 3-11　整体旋转组模型

→ 提示

区别于【组件】，【组】模型复制后，选择其中的一个进行编辑操作，不会影响其他组模型，如图 3-12~图 3-14 所示。

图 3-12　复制椅子

图 3-13　缩放椅子组

图 3-14　缩放完成效果

步骤 05 选择【组】模型，单击鼠标右键，选择【炸开模型】命令解散组，如图 3-15 与图 3-16 所示，即可单独编辑组中的各个组件。

图 3-15　选择分解组命令

图 3-16　分解模型效果

2. 嵌套组

步骤①根据模型特点，将餐椅、餐桌以及餐具各自创建为【组】，如图 3-17~图 3-19 所示。

图 3-17　创建餐椅组　　　　　　图 3-18　创建餐桌组　　　　　　图 3-19　创建餐具组

步骤②全选当前创建的【组】，单击鼠标右键，再次选择【创建群组】命令，如图 3-20 所示，即创建一个嵌套组，如图 3-21 所示。

步骤③创建嵌套【组】后，如果需要调整某个单独的模型，可以执行【编辑组】命令，或直接双击进入组内进行调整，如图 3-22 所示。

图 3-20　创建嵌套组　　　　　　图 3-21　嵌套组效果　　　　　　图 3-22　进入组内调整模型

—→ 提示

嵌套【组】执行【炸开模型】命令，只能还原到下一层的【组】效果，因此有时需要多次执行【炸开模型】命令才能还原到最底层，如图 3-23~图 3-25 所示。

图 3-23　分解嵌套组　　　　　　图 3-24　嵌套组分解效果　　　　　　图 3-25　继续分解

3. 编辑组

步骤 01 将模型创建为【组】后，可以通过【编辑组件】命令暂时打开，从而单独编辑【组】内的模型，或增加/删减组成员。

步骤 02 选择上一节组成的【组】模型，单击鼠标右键，执行【编辑组件】命令，或直接双击进入组，如图 3-26 所示。

步骤 03 选择其中一把餐椅模型，按下 Ctrl+X 键进行剪切，然后在外侧单击鼠标，退出当前组，如图 3-27 所示。

步骤 04 按下 Ctrl+V 键，粘贴剪切模型至组外，即可将餐椅模型移出组，如图 3-28 所示。

图 3-26　进入嵌套组　　　　图 3-27　剪切模型　　　　图 3-28　移出组

→ 技 巧

在【组】上快速双击，可以快速执行【编辑组件】命令。

步骤 05 如果要为【组】添加新成员，只需要执行相反的操作即可，如图 3-29~图 3-31 所示。

图 3-29　剪切模型　　　　图 3-30　进入组　　　　图 3-31　粘贴至组内

4. 锁定组

创建好的【组】可以进行【锁定】，以避免误操作对其进行改动。

步骤 01 选择需要锁定的【组】，单击鼠标右键，执行【锁定】菜单命令，如图 3-32 所示。

步骤 02 锁定的【组】以红色框进行显示，如图 3-33 所示，此时不能对其进行选择及其他操作，如图 3-34 所示。

图 3-32　选择【锁定】菜单命令　　　图 3-33　冻结组红色边线效果　　　图 3-34　冻结组禁用拉伸等操作

步骤 03 如果要解锁【组】，可以在其上方单击鼠标右键，选择【解锁】菜单命令，如图 3-35 所示。解锁后的模型将恢复可编辑性，如图 3-36 所示。

图 3-35　选择解锁菜单命令

图 3-36　解锁后的模型可编辑

052 模型交错工具

文件路径：无	视频文件：视频\第 03 章\052.MP4

使用【模型交错】工具，可以使模型交接部分产生分割边线，从而制作出一些特殊的造型效果，本例介绍其具体的使用方法与技巧。

步骤 01 打开本书配套资源"第 03 章|052 模型交错.skp"文件，如图 3-37 所示。
步骤 02 选择球体模型，单击鼠标右键，执行【创建群组】命令，然后将其移动至与长方体形成交接，如图 3-38 所示。

图 3-37　打开场景模型

图 3-38　移动球体

步骤 03 三击选择长方体，单击鼠标右键，执行【交错平面】/【模型交错】菜单命令，完成长方体模型表面的交错，如图 3-39 所示。

步骤 04 移开球体，会发现长方体生成交错边线，如图 3-40 所示，将其删除，即可制作异形几何体，如图 3-41 所示。

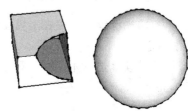

图 3-39　创建模型交错　　　　　图 3-40　移开球体　　　　　图 3-41　删除交错边线结果

→ 技巧

当交错模型存在多个相交几何体时，如果只需要其中某一部分交错，可以先选择目标模型，然后执行【模型交错】/【只对选择对象交错】命令，如图 3-42~图 3-44 所示，只有选择的模型之间才会产生交错。

图 3-42　执行交错命令　　　　图 3-43　选择模型交错效果　　　图 3-44　直接执行模型交错效果

053 实体外壳工具

文件路径：无	视频文件：视频\第 03 章\053.MP4

SketchUp 2016【实体工具】可以对几何体进行多方面的快速编辑，本例学习其中的【实体外壳】工具的使用方法与技巧。

步骤 01 打开 SketchUp，创建两个几何体，如图 3-45 所示。此时如果直接启用实体工具对几何体进行修改，将出现"不是实体"的提示，如图 3-46 所示。

步骤 02 分别选择两个几何体，创建为【组】，如图 3-47 所示。再次启用【实体外壳】工具，编辑时出现"实体组"的提示，如图 3-48 所示。

图 3-45　建立几何体模型　　　　图 3-46　无法进行实体编辑　　　图 3-47　将几何体创建为组

步骤 03 将光标置于五棱柱上模型表面，将出现①的提示，表明当前合并的"实体"数量，单击确定。

步骤 04 继续单击球体模型，即可完成实体外壳操作，此时两者将合为一个组，如图 3-49 与图 3-50 所示。

图 3-48　实体组提示　　　　　　图 3-49　继续选择球体　　　　图 3-50　实体外壳操作完成效果

步骤 05 双击【实体外壳】工具创建的组，可以进入组，单独对各模型进行编辑，如图 3-51 所示。

→ 技巧

当场景中有多个实体需要进行【实体外壳】操作时，可以全选目标模型，然后单击【实体外壳】工具按钮 🔲 一步完成，如图 3-52 与图 3-53 所示。

图 3-51　双击进入单独编辑　　　图 3-52　选择多个实体　　　图 3-53　一次性进行实体外壳操作

054 相交运算

文件路径：配套资源\第 03 章\054 ｜ 视频文件：视频\第 03 章\054.MP4

【相交】是大多数三维图形软件都具有的功能，其中【相交】运算可以快速获取"实体"间相交的部分模型，本例介绍其使用方法与技巧。

步骤 01 打开本书配套资源"第 03 章|054 实体工具.skp"文件，分别将几何体创建为组，如图 3-54 所示。

步骤 02 选择球体，将其移动至与棱柱相交，如图 3-55 所示。启用【相交】运算工具 ，选择棱柱如图 3-56 所示。

图 3-54　打开模型创建为组

图 3-55　移动球体至相交

步骤 03 在球体上单击鼠标，如图 3-57 所示，即可获得两个"实体"相交部分的模型，同时之前的"实体"模型将被删除，如图 3-58 所示。

图 3-56　启用相交工具并选择棱柱

图 3-57　选择球体

图 3-58　相交运算完成效果

步骤 04 【相交】运算并不局限于两个相交"实体"，多个相交的实体也可以获得相交部分模型，如图 3-59~图 3-61 所示。

图 3-59　多个几何体相交

图 3-60　全选目标几何体

图 3-61　相交运算结果

055 联合运算

文件路径: 配套资源\第 03 章\055　　　　视频文件: 视频\第 03 章\055.MP4

布尔运算中的【联合】运算工具可以将多个单独实体合并成一个整体,本例介绍其操作方法。

步骤 01 打开本书配套资源"第 03 章|054 实体工具.skp"文件,分别将几何体创建为组,如图 3-62 所示。

步骤 02 选择需要合并的几何体,单击【实体工具】工具栏中的【联合】工具按钮,如图 3-63 所示。

步骤 03 联合运算结果如图 3-64 所示。

图 3-62　将目标模型创建为组　　　图 3-63　选择实体单击联合运算　　　图 3-64　联合运算完成效果

056 减去运算

文件路径: 配套资源\第 03 章\056　　　　视频文件: 视频\第 03 章\056.MP4

【减去】运算用于将某个"实体"与其他"实体"相交的部分进行切除,本例介绍其具体的操作方法与技巧。

步骤 01 打开本书配套资源"第 03 章|054 实体工具.skp"文件,将几何体分别创建为组,如图 3-65 所示。

步骤 02 将球体移动至棱柱中,如图 3-66 所示。单击【减去】运算按钮 ,选择外部棱柱模型,如图 3-67 所示。

图 3-65　创建组　　　图 3-66　移动球体　　　图 3-67　启用减去并选择棱柱

步骤 03 继续单击棱柱中心的球体模型,如图 3-68 所示,完成【减去】运算,此时场景将保留后选择的"实体"，而删除两者相交部位及先选择的实体，如图 3-69 所示。

→提示

　　同一场景在进行【减去】运算时，"实体"的选择顺序不同，将得到不同的运算结果，如图 3-70 与图 3-71 所示。

图 3-68　选择球体　　　图 3-69　减去运算完成效果　　图 3-70　单击减去运算　　　图 3-71　单击棱柱
　　　　　　　　　　　　　　　　　　　　　　　　　　　　并选择球体　　　　　　完成减去运算

057 剪辑工具

文件路径：配套资源\第 03 章\057	视频文件：视频\第 03 章\057.MP4

　　【剪辑】工具的功能类似于布尔运算中的【减去】工具，但在进行"实体"相交部分切除时，【剪辑】工具不会删除用于切除的实体，本例介绍其使用方法与技巧。

步骤 01 打开本书配套资源"第 03 章|057 实体工具.skp"文件，分别将几何体创建为组，如图 3-72 所示。

步骤 02 选择球体，将其移动至棱柱中，如图 3-73 所示。单击【剪辑】运算工具 📋，并选择外部棱柱模型，如图 3-74 所示。

图 3-72　创建组　　　　　　图 3-73　移动棱柱　　　　　　图 3-74　选择棱柱

步骤 03 继续单击球体，如图 3-75 所示，即完成【剪辑】操作。系统在后选择的实体上删除两者交接的部分，如图 3-76 所示。

→提示

　　与【减去】运算类似，在使用【剪辑】工具时，"实体"单击次序的不同，将产生不同的运算结果，如图 3-77 所示。

图 3-75　选择球体　　　　　图 3-76　剪辑完成移开效果　　　　图 3-77　反向剪辑效果

058 拆分工具

📧 文件路径：配套资源\第 03 章\058	◉ 视频文件：视频\第 03 章\058.MP4

　　【拆分】工具类似于布尔运算中的【相交】工具，但该工具在获得"实体"间相交部分的同时，仅删除"实体"间接触的部分，本例学习该工具的使用方法与技巧。

步骤 01 打开本书配套资源"第 03 章|053 实体工具.skp"文件，分别将几何体创建为组。单击【拆分】工具按钮 ▣，并选择球体，如图 3-78 所示。

步骤 02 继续单击选择棱柱，如图 3-79 所示，即可完成【拆分】操作，移开模型后，即可发现之前两个实体均被切除了相交区域，而相交区域形成了第三个实体，如图 3-80 所示。

图 3-78　使用拆分工具　　　　图 3-79　实体拆分完成　　　　图 3-80　实体拆分效果

3.2　沙盒工具

059 根据等高线创建模型

📧 文件路径：无	◉ 视频文件：视频\第 03 章\059.MP4

　　利用【根据等高线创建】建模工具，可以将多条地形线转变为三维地形实体，本例讲解地形创建工具的使用方法与技巧。

步骤 01 使用【手绘线】工具绘制一个曲线平面，如图 3-81 所示。然后进行缩放复制，如图 3-82 所示，删除片面，仅保留边线作为等高线，如图 3-83 所示。

步骤 02 启用【缩放】工具，逐个选择边线，分别进行缩放，形成等高线效果，如图 3-84 所示。

图 3-81　绘制曲线平面　　　　　　图 3-82　复制平面　　　　　　图 3-83　删除片面

步骤 03 选择缩放好的等高线，如图 3-85 所示，单击【沙盒】工具栏【根据等高线创建】工具按钮，即可形成地形效果，如图 3-86 所示。

图 3-84　缩放等高线　　图 3-85　选择边线单击根据等高线创建　　图 3-86　形成地形效果

060 网格地形建模

文件路径: 无	视频文件: 视频\第 03 章\060.MP4

使用【根据网格创建】工具，可以创建细分网格地形，并能进行细节的刻画，以制作出真实的地形效果，本例讲解网格地形平面的创建方法与技巧。

步骤 01 显示出【沙盒】工具栏，单击【根据网格创建】按钮，当光标变成形状后，在右下角【网格间距】框内输入单个网格的长度，按 Enter 键确定，拖出地形网格宽度，如图 3-87 所示。

步骤 02 确定【网格】总宽度后，再横向拖动鼠标，绘制出网络的总长度，如图 3-88 所示，按 Enter 键确定，即可完成绘制，如图 3-89 所示。

图 3-87　启用工具　　　　图 3-88　绘制网格总长度　　图 3-89　网格地形平面绘制完成

→ 提示

【网格地形】绘制完成后，还需使用【沙盒】工具栏其他工具进行调整，才能产生地形效果。

061 地形曲面起伏

文件路径：无	视频文件：视频\第 03 章\061.MP4

使用【曲面起伏】工具，可以在平面的网格上形成地形起伏细节，本例介绍其使用方法与技巧。

步骤 01 创建完成的【网格】，默认为【组】状态，无法使用【沙盒】工具栏工具进行调整，如图 3-90 所示。因此首先选择【网格】，将其【分解】为"三角面"，如图 3-91 和图 3-92 所示。

图 3-90　无法编辑默认创建网格　　图 3-91　分解组　　图 3-92　分解形成三角面

步骤 02 再次启用【曲面起伏】工具，即可发现其光标已经变成✛◐形状，并能自动捕捉【网格】上的交点，如图 3-93 所示。此时通过【数值】输入框可以控制其影响范围，如图 3-94 所示。

步骤 03 单击选择网格点后，上下推拉鼠标，即可产生地形的起伏效果，如图 3-95 与图 3-96 所示。

图 3-93　启用曲面起伏工具　　图 3-94　控制拉伸影响范围　　图 3-95　向上拉伸

步骤 04 如果要精确控制地形的高度，可以在拉起网格后在【数值】输入框内输入数值，再按下 Enter 键确认即可，如图 3-97 与图 3-98 所示。

→ 技 巧

在进行起伏时，可以选择网格上的点、线或面进行起伏，并产生不同的效果，如图 3-98~图 3-101 所示。在实际的工作中，可以结合使用以创建出理想的地形效果。

图 3-96　向下起伏　　　　　图 3-97　输入起伏数值　　　　　图 3-98　形成准确高度

图 3-99　点起伏效果　　　　　图 3-100　线起伏效果　　　　　图 3-101　面起伏效果

062 曲面平整工具

文件路径：配套资源\第 03 章\062	视频文件：视频\第 03 章\062.MP4

使用【曲面平整】工具，可以快速在起伏的地形上制作出放置建筑物的平面，本例讲解其使用方法与技巧。

步骤 01 打开本书配套资源"第 03 章|062 曲面平整.skp"文件，如图 3-102 所示。选择房屋模型，启用【曲面平整】工具，如图 3-103 所示。

步骤 02 启用【曲面平整】工具后，选择的"房屋"模型下方会出现一个矩形，该矩形范围即为平整工具的影响范围，如图 3-104 所示。

图 3-102　打开场景模型　　　图 3-103　选择房屋并启用曲　　　图 3-104　出现影响范围
　　　　　　　　　　　　　　　　　　面平整工具　　　　　　　　　　　矩形

步骤 03 移动光标至【网格】地形上方时，光标将变成形状，而【网格】地形也将显示细分面效果，如图 3-105 所示。

步骤 04 在【网格】地形上单击鼠标确定，【网格】地形即会出现十分平整的地形平面，如图 3-106 所示。

步骤 05 选择地形上方的"房屋"，将其移动至生成的平面上，如图 3-107 所示。

图 3-105 网格地形细分面

图 3-106 生成平面

图 3-107 移动房屋至平面

063 曲面投射工具

文件路径：配套资源\第 03 章\063	视频文件：视频\第 03 章\063.MP4

使用【曲面投射】工具，可以快速在连绵起伏的地形上制作公路效果，本例讲解其使用方法与技巧。

步骤 01 打开本书配套资源"第 03 章|063 创建道路.skp"模型，如图 3-108 所示。接下来利用【曲面投射】工具，在地形表面制作出一条公路的效果。

步骤 02 启动【手绘线】工具，绘制出公路的平面模型，如图 3-109 所示。将其移动至地形目标位置正上方，如图 3-110 所示。

图 3-108 打开场景模型

图 3-109 绘制公路平面

图 3-110 移动公路平面至地形
正上方

图 3-111 选择公路并启用曲面
投射工具

图 3-112 将光标置于网格地形
上方

图 3-113 投影工具生成公路
轮廓

步骤 03 选择公路平面，启用【曲面投射】工具，如图 3-111 所示，在地形上单击鼠标，确认投影，如图 3-112 所示，即在地形上生成公路的轮廓边线，如图 3-113 所示。

→ 技巧

如果要在投影完成后，使【网格】地形上仅出现公路的轮廓边线效果，可以在投影前，先对【网格】地形进行边线柔化处理，如图 3-114～图 3-116 所示。

图 3-114　选择网格地形进行柔化　　图 3-115　柔化参数设置　　图 3-116　投影完成效果

064 添加细部工具

✉ 文件路径：无	◎ 视频文件：视频\第 03 章\064.MP4

使用【网格】制作地形效果时，过少的细分面将使地形效果显得生硬，过多的细分面则会增大系统显示与计算负担。使用【添加细部】工具，可以在需要表现细节的地方增大细分面，而其他区域将保持较少的细分面。

步骤 01 启动 SketchUp，以 500mm 的网格宽度创建一个【网格】地形平面，如图 3-117 所示。

步骤 02 使用【曲面起伏】工具选择交点进行拉伸，可以发现此时的起伏边缘比较生硬，如图 3-118 所示。

步骤 03 为了避免这种现象，首先选择制作起伏效果的区域，如图 3-119 所示，然后单击【添加细部】工具，对选择面进行细分，如图 3-120 所示。

图 3-117　绘制网格地形平面　　图 3-118　直接拉伸地形效果　　图 3-119　选择细分区域

步骤 04 细分完成后，再使用【曲面起伏】工具进行拉伸，如图 3-121 所示，即可得到平滑的拉伸边缘，如图 3-122 所示。

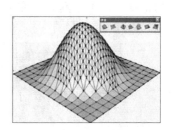

图 3-120　细分网格　　图 3-121　对网格面进行拉伸　　图 3-122　对网格面进行细分

065 对调角线工具

文件路径: 无	视频文件: 视频\第 03 章\065.MP4

本例介绍【沙盒】工具栏中【对调角线】工具的使用方法。

步骤 01 利用【网格】制作起伏地形效果时，如果效果不够平滑，可以隐藏【网格】地形的对角边线，如图 3-123 所示。

步骤 02 启用【对调角线】工具，单击网格对角线改变对角边线方向，如图 3-124 所示，如果边线方向与起伏一致，则可以使地形变得平缓一些，如图 3-125 所示。

图 3-123　虚显网格对角边线　　图 3-124　原有对角线走向　　图 3-125　修改后的对角线走向

3.3 截面与图层工具

066 截面工具

文件路径: 配套资源\第 03 章\066	视频文件: 视频\第 03 章\066.MP4

利用【剖切面】工具，可以快速获得当前场景模型的平面布局与立面剖切效果。

1. 创建剖切面

步骤 01 打开配套资源"第 03 章|066 截面工具.skp"文件，该场景为一幢木制别墅模型，如图 3-126 所示。

步骤 02 执行【工具】/【剖切面】菜单命令，如图 3-127 所示。或调出【截面】工具栏，单击【剖切面】工具⊕，在顶部创建一个截面，如图 3-128 所示。

图 3-126　打开场景模型　　图 3-127　执行剖切面命令　　图 3-128　创建截面

步骤 03 创建截面后，通过移动与旋转工具，即可制作出多种剖切效果，如图 3-129~图

3-131 所示。

图 3-129　垂直剖切效果一　　　　图 3-130　垂直剖切效果二　　　　图 3-131　旋转剖切面效果

2.　剖切面的隐藏、显示与翻转

步骤 ①1 调整好【剖切面】剖切位置后，单击【截面】工具栏【显示剖切面】按钮，如图 3-132 所示，即可将【剖切面】隐藏而保留剖切效果，如图 3-133 所示。再次单击，则将显示之前隐藏的【剖切面】，如图 3-134 所示。

图 3-132　剖切效果　　　　　　图 3-133　隐藏截面　　　　　　图 3-134　显示截面

步骤 ②2 在【截面】上单击鼠标右键，并选择快捷菜单【隐藏】命令，同样可以进行【剖切面】的隐藏，如图 3-135 所示。执行【编辑】/【取消隐藏】菜单命令，如图 3-136 所示，也可以显示隐藏的【剖切面】。

步骤 ③3 翻转截面。在【剖切面】上单击鼠标右键，选择快捷菜单中的【翻转】命令，将产生反向剖切的效果，如图 3-137~图 3-139 所示。

图 3-135　选择快捷菜单命令　　　　　　图 3-136　【取消隐藏】子菜单

| 图 3-137 当前剖切效果 | 图 3-138 选择菜单命令 | 图 3-139 翻转截面后的效果 |

3. 剖切面的激活与冻结

步骤 01 当场景中有多个【剖切面】存在时，如图 3-140 所示，选择目标【剖切面】，单击鼠标右键，选择快捷菜单中的【显示剖切】命令，如图 3-141 所示，可以切换剖切面的激活和冻结状态。

步骤 02 单击【截面】工具栏【显示剖面切割】按钮，或在【截面】上直接双击，可以快速激活或冻结截面，如图 3-142 所示。

| 图 3-140 当前剖切效果 | 图 3-141 取消活动切面参数 | 图 3-142 通过双击或工具按钮激活 |

4. 对齐到视图

步骤 01 在【剖切面】上单击鼠标右键，选择快捷菜单中的【对齐视图】命令，如图 3-143 所示，可以将视图自动对齐到【剖切面】的投影视图，如图 3-144 所示。

步骤 02 默认设置下 SketchUp 为【透视图】显示，如果要产生绝对的正投影视图效果，可以执行【相机】/【平行投影】菜单命令，如图 3-145 所示。

| 图 3-143 选择对齐视图命令 | 图 3-144 默认透视显示效果 | 图 3-145 平行投影显示效果 |

5.　从剖面创建组

步骤 01 在【剖切面】上单击鼠标右键，选择快捷菜单中的【从剖面创建组】命令，如图 3-146 所示。

步骤 02 即可在剖切位置产生单独剖切线效果，并能进行移动等操作，如图 3-147 所示。

图 3-146　选择【从剖面创建组】命令

图 3-147　移动剖切线

067　图层工具

文件路径: 配套资源\第 03 章\067	视频文件: 视频\第 03 章\067.MP4

　　SketchUp 提供了【图层】工具，可以对场景模型进行有效的归类和管理，以快速对模型进行【隐藏】、【显示】等操作，提高模型管理效率。

1.　图层的显示与隐藏

步骤 01 打开配套资源"第 03 章|067 图层工具.skp"模型，该场景由建筑、树木、灌木以及人物组成，如图 3-148 所示。

步骤 02 执行【窗口】/【默认面板】/【图层】命令，如图 3-149 所示，调出【图层】面板。

步骤 03 打开【图层】面板，可以发现当前场景已经建立了对应的【动物】、【灌木】、【建筑】、【地形】以及【人物】图层，如图 3-150 所示。

图 3-148　打开场景模型

图 3-149　调出图层工具栏

图 3-150　打开图层面板

步骤 04 为了快速观察各个图层内的模型对象，单击【图层】面板右侧的【详细信息】按钮，然后选择【图层颜色】选项，如图 3-151 所示。

步骤 05 此时同一图层内的对象均显示该【图层】设置的颜色，十分容易分辨，如图 3-152

所示。单击【图层】面板【颜色】栏各个图层色块，可以设置【图层】的颜色，如图 3-153 所示。

图 3-151　选择图层颜色

图 3-152　图层颜色显示效果

图 3-153　调整图层颜色

步骤 06 如果要关闭某个图层，使该图层不在视图中显示，只需单击取消该图层【显示】复选框勾选即可，再次单击，则重新显示该图层，如图 3-154 所示。

步骤 07 如果要同时设置多个【图层】的【显示】或【隐藏】，可以按住 Ctrl 键进行多选，然后单击【显示】复选框即可，如图 3-155 所示。

步骤 08 如果要选择场景所有图层，可以单击【图层】面板右侧的【详细信息】按钮 ，然后选择【全部】命令进行全选，如图 3-156 所示。

图 3-154　隐藏建筑图层

图 3-155　显示建筑图层

图 3-156　选择所有图层

2. 添加与删除图层

步骤 01 单击【图层】面板左上角【添加图层】按钮 ，即可新建【图层】，并能同时为新建【图层】命名，如图 3-157 所示。

步骤 02 新建并命名图层后，通过【组件】面板在对应图层插入组件，如图 3-158 与图 3-159 所示。

步骤 03 如果要删除某图层，首先在【图层】面板选择目标图层，然后单击【图层】面板左上角【删除图层】按钮 ，如图 3-160 所示。

步骤 04 弹出【删除包含图元的图层】提示面板，并默认选择【将内容移至默认图层】，删除该图层内的物体将自动转移至 Layer0 内，如图 3-161 所示。

步骤 05 如果要将删除层内的物体转移至非 Layer0（即进行图层物体的合并），可以设置保留图层为"当前层"，然后在【删除包含图元的图层】面板内选择【将内容移至当前图层】选项，如图 3-162 所示，结果如图 3-163 所示。

步骤 06 如果场景内包含空白图层，可以单击【图层】面板右侧的【详细信息】按钮 ，选择【清除】选项，即可自动删除所有空白图层，如图 3-164 与图 3-165 所示。

图 3-157　新建并命名图层

图 3-158　通过组件添加汽车

图 3-159　添加完成效果

图 3-160　删除图层

图 3-161　删除图层后隐藏 Layer0
的效果

图 3-162　选择移至当前图层

图 3-163　删除图层后隐藏灌木图
层效果

图 3-164　选择清理

图 3-165　清理空白图层结果

3.　改变对象所处图层

步骤 01 选择要改变图层的对象，单击鼠标右键，选择其中的【模型信息】命令，如图 3-166
所示。

步骤 02 打开【图元信息】面板，单击展开【图层】下按列表，选择目标图层即可，如图 3-167
所示。

步骤 03 关闭目标图层，即可发现建筑模型被隐藏，如图 3-168 所示。

图 3-166　选择【模型信息】命令　　图 3-167　选择目标图层　　图 3-168　建筑图层隐藏效果

→技巧

选择对应模型后，通过【图层】工具栏同样可以切换图层，如图 3-169 与图 3-170 所示。

图 3-169　通过图层工具栏设置　　　　图 3-170　关闭建筑图层效果

068 雾化工具

文件路径：配套资源\第 03 章\068　　　视频文件：视频\第 03 章\068.MP4

为场景添加【雾化】特效，可以增强环境氛围，本例介绍其操作方法与使用技巧。

步骤 01 打开配套资源"第 03 章|068 雾化.skp"文件，当前场景的光影、造型以及材质效果都十分清晰，如图 3-171 所示。

步骤 02 为其制作【雾化】特效。执行【窗口】/【默认面板】/【雾化】菜单命令，如图 3-172 所示，打开【雾化】面板并调整参数，如图 3-173 所示。

图 3-171　打开场景模型　　图 3-172　执行窗口/雾化菜单命令　　图 3-173　调整雾化面板参数

步骤 03 调整好的雾化效果如图 3-174 所示，取消【雾化】面板【使用背景颜色】复选框的勾选，然后单击其后的色块，即可自定义雾气颜色，如图 3-175 与图 3-176 所示。

图 3-174 雾化调整效果

图 3-175 调整雾效颜色

图 3-176 色彩调整效果

──→ 技 巧

【雾化】面板左侧滑块用于调整摄影机近端的雾气浓度，右侧滑块用于调整摄影机远端的雾气浓度。

3.4 文件导入与导出

069 SketchUp 常用文件导出

文件路径：配套资源\第 03 章\069   视频文件：视频\第 03 章\069.MP4

通过 SketchUp 文件导出功能，可以将文件导出为 3ds max、AutoCAD 等常用设计软件可以识别的格式，本例介绍导出 3DS\DWG\JPG 文件的方法与技巧。

1. 导出 3DS 文件

步骤 01 打开配套资源"第 03 章|069 导出 3DS 文件.skp"模型文件，其为一个圆形廊架模型，如图 3-177 所示。

步骤 02 执行【文件】/【导出】/【三维模型】菜单命令，如图 3-178 所示，打开【输出模型】面板，并选择导出文件类型为 3DS 文件，如图 3-179 所示。

图 3-177 打开场景模型

图 3-178 执行文件/导出/
三维模型

图 3-179 选择输出类型为 3DS 文件

步骤 03 单击【输出模型】面板【选项】按钮，打开【3DS 导出选项】面板，设置相应导出参数，如图 3-180 所示。

步骤 04 设置好导出选项后，单击【确定】按钮，返回【输出模型】面板，单击【导出】按钮，即可进行导出，如图 3-181 所示。

步骤 05 成功导出 3DS 文件后，SketchUp 将弹出【3DS 导出结果】面板，罗列导出的详细信息，如图 3-182 所示。

图 3-180　设置 3DS 文件　　　　　图 3-181　导出进度显示　　　　　图 3-182　3DS 导出结果面板

导出选项

步骤 06 启动 3ds max，在导出路径中找到导出的 3DS 文件并进行查看，如图 3-183 所示。

步骤 07 导出的 3DS 文件包括完整的模型与【摄影机】，按 C 键进入摄影机视图，调整好构图比例进行默认渲染，渲染效果如图 3-184 所示，可以看到模型非常完整。

图 3-183　打开导出的 3DS 文件　　　　　　图 3-184　3DS 文件默认渲染效果

2. 导出 JPG 图像文件

步骤 01 打开配套资源"第 03 章|069 JPG 导出.skp"文件，其为一个略带卡通效果的别墅场景，如图 3-185 所示。

步骤 02 执行【文件】\【导出】\【二维图形】菜单命令，如图 3-186 所示。打开【输出二维图形】面板，选择【文件类型】为 JPG，如图 3-187 所示。

图 3-185　打开场景

图 3-186　执行文件/导出/二维图形

图 3-187　选择文件导出类型为 JPG

步骤 03 单击【选项】按钮，弹出【导出 JPG 选项】面板，如图 3-188 所示，查看或设置好图像大小，然后返回【输出二维图形】面板，单击【导出】按钮即可。

步骤 04 文件成功导出后，启用图像查看软件打开导出文件，即可以 JPG 格式快速查看场景效果，如图 3-189 所示。

图 3-188　设置导出 JPG 选项面板

图 3-189　JPG 导出结果

3. 导出 AuotCAD 文件

步骤 01 打开配套资源 "第 03 章|069 DWG 导出.skp" 模型文件，该场景为一个应用了【截面】工具的场景，如图 3-190 所示，在视图中已经能看到房间内部布局。

步骤 02 执行【文件】/【导出】/【剖面】菜单命令，如图 3-191 所示。打开【输出二维剖面】面板，选择【文件类型】为 "DWG"，如图 3-192 所示。

图 3-190　打开模型

图 3-191　执行文件/导出/剖面

图 3-192　设置导出类型为 AutoCAD

步骤 03 单击【选项】按钮，弹出【二维剖面选项】面板，根据软件版本设置相关参数，图 3-193 所示。

步骤 04 单击【确定】按钮，返回到【输出二维剖面】面板，单击【导出】按钮，即可导出 "DWG" 文件，成功导出后将弹出提示信息框，如图 3-194 所示。

步骤 05 打开 AutoCAD，在导出路径中找到导出的 DWG 文件，即可进行打开与编辑，如图 3-195 所示。

图 3-193　设置 AutoCAD 版本　　　图 3-194　剖面选项面板　　　图 3-195　使用 AutoCad 打开 DWG 文件

070　SketchUp 常用文件导入

文件路径: 配套资源\第 03 章\070	视频文件: 视频\第 03 章\070.MP4

SketchUp 同时具备十分强大的【导入】功能，可以导入常用的 DWG、3DS 以及图片文档，本例介绍以上三种格式文件的导入方法与技巧。

1.　导入 AutoCAD 文件

步骤 01 执行【文件】/【导入】菜单命令，如图 3-196 所示，弹出【导入】面板，选择文件类型为【AutoCAD 文件】，如图 3-197 所示。

图 3-196　执行文件/导入命令　　　　　图 3-197　选择 AutoCAD 文件类型

步骤 02 单击【导入】面板【选项】按钮，弹出【导入 AutoCAD DWG/DXF 选项】面板，设置好导入单位并确定，如图 3-198 所示。

步骤 03 进入对应文件夹，如图 3-199 所示，双击目标文件进行导入，如图 3-200 所示，导入完成会弹出【导入结果】面板，如图 3-201 所示。

图 3-198　调整导入比例

图 3-199　双击目标导入文件

图 3-200　导入进度显示

图 3-201　导入结果面板

步骤 04 单击【导入结果】面板【关闭】按钮，移动鼠标放置导入的文件，如图 3-202 所示。对比观察文件在 AutoCAD 中的效果，可以发现两者并没有区别，如图 3-203 所示。

图 3-202　SketchUp 导入效果

图 3-203　AutoCAD 中的效果

→ 提 示

如果导入之前，SketchUp 场景中已经有了其他的实体，所有导入的几何体会合并为一个组。

2. 导入 3DS 文件

步骤 01 执行【文件】/【导入】菜单命令，如图 3-204 所示。弹出【导入】面板，选择文件类型为【3DS 文件】，如图 3-205 所示。

图 3-204　执行文件/导入命令

图 3-205　选择 3DS 文件导入类型

步骤 **02** 单击【导入】面板【选项】按钮，打开【3DS 导入选项】面板，根据需要设置相关的参数，如图 3-206 所示。

步骤 **03** 单击【确定】按钮返回【导入】面板，进入文件夹双击目标文件，如图 3-207 所示，即可进行导入，如图 3-208 所示，导入结果如图 3-209 所示。

图 3-206　【3DS 导入选项】面板

图 3-207　双击目标文件进行导入

图 3-208　文件导入进度条

图 3-209　3DS 文件导入效果

→ 技 巧

在 SketchUp 中导入 3DS 文件，最容易出现的问题是模型移位，如图 3-210 所示。要解决该问题，最好的方法是在 3ds max 中将模型转换为【可编辑多边形】，然后利用【附加】命令，将所要导入的模型附加成一个整体，如图 3-211 与图 3-212 所示。

图 3-210　模型移位

图 3-211　在 3dsmax 中进行附加

图 3-212　附加为整体

→ 技 巧

　　另外一个比较常见的问题就是在模型表面出现三角面的现象，如图 3-213 所示。对于结构本来较为简单的模型，勾选【3DS 导入选项】面板中的【合并共面平面】复选框，如图 3-214 所示，即可有效解决三角面问题，如图 3-215 所示。

图 3-213　模型三角面

图 3-214　勾选合并共面

图 3-215　调整效果

3.　导入二维图形

步骤 01 执行【文件】/【导入】菜单命令，如图 3-216 所示，弹出【导入】面板，展开文件类型下拉列表，可选择多种二维图形类型，通常直接选择【所有支持的图像类型】，如图 3-217 所示。

图 3-216　执行文件\导入

图 3-217　选择导入二维图形类型

步骤 02 在【导入】面板，选择"图像"导入单选按钮，如图 3-218 所示。

步骤 03 双击目标导入图片，如图 3-219 所示，然后拖动鼠标将其放置于原点附近，如图

3-220 所示。

图 3-218　选择图片导入用途　　　　　　　　　图 3-219　双击打开目标文件

步骤 04 二维图形文件放置好后，启用 SketchUp 中的绘图工具，即可利用该图片进行参考，绘制图形如图 3-221 所示。

图 3-220　放置导入文件　　　　　　　　　图 3-221　双击目标导入文件

→ 提示

　　选择"用作纹理"与"用作新的匹配照片"两个选项导入的图片效果如图 3-222 与图 3-223 所示，分别用于制作材质贴图与照片建模参照。

图 3-222　作为材质导入图片效果　　　　　　　图 3-223　作为照片匹配导入效果

第 4 章
室内常用模型建模

　　本章将学习室内常用模型的建模方法，从而掌握基本工具的使用，并初步熟悉 SketchUp 建模的流程和技巧。

071 铁艺酒架

✉ 文件路径：配套资源\第 04 章\071   ◎ 视频文件：视频\第 04 章\071.MP4

本例将学习铁艺酒架模型的制作，主要使用到【直线】【圆弧】【圆】【矩形】【路径跟随】等工具。

步骤 01 打开 SketchUp，执行【窗口】/【模型信息】命令，进入【单位】选项卡，设置场景单位为 mm，如图 4-1 所示。

步骤 02 结合使用【直线】与【圆弧】工具，创建铁艺酒架轮廓线形，如图 4-2 所示。在其端点位置，创建一个直径为 20mm 的圆形，如图 4-3 所示。

图 4-1　设置场景单位　　　　图 4-2　创建线形轮廓　　　图 4-3　创建圆形

步骤 03 启用【路径跟随】工具，选择圆形为截面，以轮廓线形为路径进行路径跟随，制作出三维线形效果，如图 4-4 所示。然后将其创建为【组】，如图 4-5 所示。

步骤 04 选择创建好的轮廓三维线形，将其以 200mm 的距离进行移动复制，如图 4-6 所示。

图 4-4　启用路径跟随　　　　图 4-5　创建组　　　　图 4-6　移动复制

步骤 05 启用【矩形】工具，根据框架长宽，对应创建一个矩形，如图 4-7 所示。利用之前创建的【圆】为截面，通过【路径跟随】创建三维线形，如图 4-8 所示，最后进行移动复制与对位，如图 4-9 所示。

步骤 06 启用【圆】工具，绘制一个直径为 100mm 的圆形，如图 4-10 所示。利用之前创建的【圆】为截面，通过【路径跟随】创建三维线形，如图 4-11 所示，然后进行移动复制与对位，如图 4-12 所示。

图 4-7　创建矩形

图 4-8　制作三维框架并对位

图 4-9　复制并对位框架

图 4-10　绘制圆形

图 4-11　制作圆环

图 4-12　复制圆环

步骤 07 进入【组件】面板，如图 4-13 所示，调入酒瓶模型，通过复制与位置调整，完成最终模型效果，如图 4-14 所示。

图 4-13　调入酒瓶组件

图 4-14　铁艺酒架完成效果

072 铁艺楼梯

文件路径：配套资源\第 04 章\072	视频文件：视频\第 04 章\072.MP4

本例将学习铁艺楼梯模型的制作，主要使用到【直线】、【圆弧】、【路径跟随】工具，以及推拉复制与旋转复制的操作。

步骤 01 打开 SketchUp，执行【窗口】/【模型信息】命令，在【单位】选项卡内设置场景单位为 mm。

步骤 02 启用【直线】工具，在左视图中绘制出一个踏步轮廓，如图 4-15 所示，将其进行多重复制，如图 4-16 所示。

图 4-15　绘制踏步轮廓　　　　　　　　　　　　图 4-16　多重复制

步骤 03 启用【直线】工具，封闭创建的踏步轮廓，如图 4-17 所示。启用【推/拉】工具，并按下 Ctrl 键进行多次推拉复制，完成踏步模型效果，如图 4-18 和图 4-19 所示。

图 4-17　启用直线工具进行封面　　图 4-18　推拉出最左侧厚度　　图 4-19　多次推拉复制完成踏步

步骤 04 打开【材料】面板，分别为踏步两侧与中间部分赋予灰色与黄色石材，如图 4-20 所示。接下来制作两侧铁艺扶手。

步骤 05 参考踏步模型，启用【直线】工具绘制扶手线形，如图 4-21 所示，然后绘制一个直径为 30mm 的圆形截面，如图 4-22 所示。

图 4-20　赋予踏步材质　　　　　图 4-21　绘制扶手线形　　　　图 4-22　绘制圆形截面

步骤 06 启用【路径跟随】工具，选择圆形截面，完成扶手三维线形的制作，如图 4-23 所示。选择立柱模型进行多重复制，如图 4-24 所示，复制结果如图 4-25 所示。

图 4-23　通过路径跟随完成栏杆　　　　图 4-24　复制栏杆立柱　　　　图 4-25　栏杆立柱完成效果
　　　　　模型

步骤 ⑦ 结合使用【圆】、【圆弧】工具，绘制出两侧铁艺造型线形与圆形截面，如图 4-26 和图 4-27 所示，然后通过【路径跟随】工具制作出三维线形，如图 4-28 所示。

图 4-26　绘制铁艺装饰线形　　　　图 4-27　绘制圆形截面　　　　图 4-28　通过路径跟随制作三维
　　　　　　　　　　　　　　　　　　　　　　　　　　　　　　　　　　　　　　　线形

步骤 ⑧ 选择制作好的铁艺三维线形，通过旋转复制与多重移动复制，完成整体效果的制作，如图 4-29~图 4-31 所示。

图 4-29　旋转复制铁艺线形　　　　图 4-30　整体复制铁艺扶手　　　　图 4-31　铁艺楼梯完成效果

073　双筏龙头

文件路径：配套资源\第 04 章\073	视频文件：视频\第 04 章\073.MP4

　　本例将学习双筏水龙头模型的制作，主要使用到【圆】、【多边形】、【圆弧】以及【偏移】、【推/拉】、【路径跟随】等工具。

步骤 01 打开 SketchUp，执行【窗口】/【模型信息】命令，在【单位】选项卡内设置场景单位为 mm。

步骤 02 启用【圆】工具，绘制一个直径为 50mm 的圆形，如图 4-32 所示。使用【推/拉】工具，拉伸出 10mm 厚度，如图 4-33 所示。

图 4-32　绘制直径为 50mm 圆形　　　　　　　图 4-33　向上推拉

步骤 03 选择【偏移】工具，将圆柱上表面向内偏移复制 10mm，如图 4-34 所示，然后向上推拉 90mm 高度，如　图 4-35 所示。

步骤 04 重复以上操作制作上部细节，如图 4-36 与图 4-37 所示。接下来制作旋钮细节。

图 4-34　向内偏移复制　　　　图 4-35　向上推拉　　　　图 4-36　向内偏移复制

步骤 05 启用【矩形】工具，在圆柱中心创建一个边长为 12mm 的分割面，如图 4-38 所示。选择分割面，启用【旋转】工具旋转 45°，如图 4-39 所示。

图 4-37　向上推拉 10mm 高度　　图 4-38　绘制正方形分割面　　图 4-39　旋转正方形

步骤 06 选择【推/拉】工具，将矩形面向上拉伸 18mm 的高度，如图 4-40 所示。

步骤 ⑦ 在【左视图】中创建一个半径为 6mm 的正六边形，如图 4-41 所示，使用【推/拉】工具拉伸 65mm 长度，并进行中心对齐，如图 4-42 所示。

图 4-40　向上推拉 18mm 高度　　　　图 4-41　绘制正六边形　　　　图 4-42　推拉 65mm 的长度

步骤 ⑧ 选择创建好的旋杆，使用【旋转】工具以 90° 进行旋转复制，如图 4-43 所示。然后将创建好的模型，整体以 200mm 的距离复制一份，如图 4-44 所示。

图 4-43　旋转复制　　　　　　　　图 4-44　移动复制　　　　　　　　图 4-45　绘制圆形

步骤 ⑨ 创建一个直径为 36mm 的圆形，并使用【推/拉】工具进行连接，如图 4-45 与图 4-46 所示。

步骤 ⑩ 参考已经制作的模型比例，结合使用【圆弧】、【圆】以及【路径跟随】工具，创建水管模型，完成双筏水龙头模型制作，如图 4-47 和图 4-48 所示。

图 4-46　推拉出连接管　　　　　　图 4-47　绘制出水管线形　　　　　图 4-48　路径跟随完成最终模型

074　简约落地灯

文件路径：配套资源\第 04 章\074	视频文件：视频\第 04 章\074.MP4

　　本例将学习简约落地灯模型的制作，主要使用到【直线】、【多边形】、【圆】、【圆弧】、【路径跟随】及【旋转】等工具的使用。

步骤 01 启动 SketchUp，执行【窗口】/【模型信息】命令，在【单位】选项卡内设置场景单位为 mm。

步骤 02 启用【直线】工具，绘制如图 4-49 所示支架与辅助线形。启用【多边形】工具，绘制一个半径为 15mm 的正三角形，如图 4-50 所示。

图 4-49　绘制支架与辅助线形　　　　　　　　　图 4-50　创建正三角形

步骤 03 启用【路径跟随】工具，选择三角形为截面，以斜线为路径，制作出支架三维模型，然后通过多重旋转复制，制作出三角支架模型，如图 4-51~图 4-53 所示。

图 4-51　路径跟随　　　　　图 4-52　旋转复制　　　　　图 4-53　多重旋转复制

步骤 04 启用【直线】工具，捕捉三角支架端点绘制一个三角形并推拉出高度，通过移动复制与拉伸，得到多层三角搁板造型，如图 4-54~图 4-56 所示。

图 4-54　绘制三角形　　　　　图 4-55　推拉三角形　　　　　图 4-56　移动复制并拉伸

步骤 ⑤ 结合使用【直线】、【圆】、【圆弧】以及【路径跟随】等工具，制作灯罩造型，完成模型的最终效果，如图 4-57~图 4-59 所示。

图 4-57　绘制灯罩截面与路径

图 4-58　启用路径跟随工具

图 4-59　落地灯最终效果

075 现代吊灯

| 文件路径：配套资源\第 04 章\075 | 视频文件：视频\第 04 章\075.MP4 |

本例将学习现代吊灯的制作，主要使用到【矩形】、【偏移】与【推/拉】等工具。在模型的创建过程中注意使用双击直接进行重复操作。

步骤 ①打开 SketchUp，执行【窗口】/【模型信息】命令，在【单位】选项卡内设置场景单位为 mm。

步骤 ②启用【矩形】工具，绘制一个边长为 500mm 的正方形，如图 4-60 所示。启用【推/拉】工具，制作 40mm 的厚度，如图 4-61 所示。

图 4-60　创建正方形

图 4-61　向下推拉 40mm 高度

步骤 ③选择模型底面，启用【偏移】工具向内偏移 70mm，如图 4-62 所示。启用【推/拉】工具，向下制作 20mm 的厚度，如图 4-63 所示。

步骤 ④选择边线，单击鼠标右键，选择【拆分】菜单命令，如图 4-64 所示，将其拆分为 5 段，如图 4-65 所示。

步骤 ⑤启用【直线】工具，连接拆分点细分底面，如图 4-66 所示。启用【偏移】工具，选择分割面向内进行偏移，偏移距离为 2.5mm，如图 4-67 所示。

步骤 ⑥选择细分模型面，启用【推/拉】工具，向下拉出 60mm 的高度，如图 4-68 所示。

步骤 ⑦重复【偏移】操作，如图 4-69 所示，然后启用【推/拉】工具向上制作 58mm 的深度，制作出灯罩模型。

步骤 ⑧重复上述操作，完成如图 4-70 所示的现代吊灯造型的制作。

图 4-62　向内偏移复制

图 4-63　向下推拉

图 4-64　启用拆分命令

图 4-65　拆分边线

图 4-66　细分割底部模型面

图 4-67　偏移复制

图 4-68　向下推拉

图 4-69　向内以 5mm 进行偏移
复制

图 4-70　向内推拉 58mm 完成造型

076 简欧台灯

✉ 文件路径：配套资源\第 04 章\076	◎ 视频文件：视频\第 04 章\076.MP4

　　本例学习简欧台灯模型的制作，主要使用到【直线】、【圆】、【圆弧】以及【路径跟随】与【模型交错】工具与命令的使用。

步骤 01 结合使用【直线】、【圆】（扑捉垂直直线端点绘制半径为 90mm 的圆）以及【路径跟随】等工具，制作台灯底座三维模型，如图 4-71 与图 4-72 所示。

图 4-71　绘制底座轮廓线形

图 4-72　启用路径跟随工具

步骤 02 结合使用【直线】、【圆弧】以及【路径跟随】等工具，制作台灯灯身模型，如图 4-73 与图 4-74 所示。

图 4-73　绘制灯身轮廓

图 4-74　制作灯身三维造型

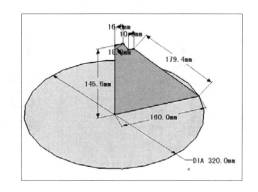

图 4-75　绘制灯罩轮廓线形

步骤 03 结合使用【直线】、【圆】以及【路径跟随】等工具，制作灯罩初步造型，如图 4-75 与图 4-76 所示。接下来通过【模型交错】制作装饰细节。

步骤 04 使用【直线】与【圆弧】工具绘制图形截面，然后推拉出厚度，并创建为【组】，如图 4-77 与图 4-78 所示。

图 4-76　制作灯罩三维造型

图 4-77　绘制交错用图形截面

图 4-78　推拉厚度并创建组

步骤 05 移动拉伸模型至灯罩中心，并以 90° 进行【旋转】，然后选择灯罩进行【模型交错】，交错完成后删除多余模型，如图 4-79~图 4-81 所示。

图 4-79　对位并旋转复制　　　　图 4-80　进行模型交错　　　　图 4-81　删除多余模型

步骤 06 打开【材料】面板，为台灯分别赋予黄铜与透光装饰布纹材质，完成最终效果，如图 4-82~图 4-84 所示。

图 4-82　赋予金属材质　　　　图 4-83　赋予布纹材质　　　　图 4-84　模型最终效果

077 木制酒架

文件路径：配套资源\第 04 章\077　　　　视频文件：视频\第 04 章\077.MP4

　　本例学习木制酒架模型的制作，主要使用到【矩形】、【圆】、【推/拉】以及【减去】与【翻转方向】工具，注意学习模型逐步细化的技巧。

步骤 01 启用【矩形】工具，绘制一个矩形，然后进行分割并使用推拉工具制作模型初步轮廓，如图 4-85~图 4-88 所示。

图 4-85　绘制矩形　　　　　　　　图 4-86　分割矩形推拉厚度

步骤 02 结合使用【圆】与【推/拉】工具，制作出两个圆柱体，将其进行对位，通过【减去】工具，制作出半圆缺口细节，如图 4-89~图 4-91 所示。

图 4-87 向上推拉 55mm 高度

图 4-88 向后推拉完成初步轮廓

图 4-89 绘制圆柱体

步骤 03 结合使用【卷尺】、【直线】及【推/拉】工具，制作出各个面的凹槽等细节，如图 4-92~图 4-94 所示。

图 4-90 进行差集运算

图 4-91 差集运算效果

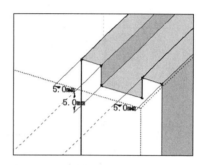

图 4-92 制作顶部凹槽细节

步骤 04 通过移动复制与【翻转方向】工具，快速制作出酒架的整体效果，最后打开【材料】面板，为其赋予"原色樱桃木"材质，完成最终效果，如图 4-95~图 4-98 所示。

图 4-93 制作底部细节

图 4-94 制作侧面细节

图 4-95 移动复制

图 4-96 使用翻转方向命令

图 4-97 向上复制

图 4-98 酒架最终效果

078 简约沙发

文件路径：配套资源\第 04 章\078	视频文件：视频\第 04 章\078.MP4

本例将学习简约沙发模型的制作，主要将使用到【矩形】、【直线】、【旋转】、【推/拉】以及【缩放】工具。在模型创建的过程中，注意拉伸工具的灵活应用。

步骤 01 启用【矩形】工具，绘制一个竖立的矩形，如图 4-99 所示。启用【推/拉】工具，制作 100mm 的厚度，如图 4-100 所示。

图 4-99　绘制侧面长方形　　　　　　　　　　图 4-100　推拉出厚度

步骤 02 选择制作好的模型，以 610mm 的距离进行复制，如图 4-101 所示。移动复制完成后，进行旋转复制，并调整好沙发底板位置，如图 4-102 与图 4-103 所示。

图 4-101　移动复制　　　　图 4-102　旋转复制　　　　图 4-103　模型对位

步骤 03 选择沙发底板，启用【缩放】工具调整好造型，如图 4-104 与图 4-105 所示，然后再次向上复制出沙发垫，并进行造型调整，如图 4-106~图 4-125 所示。

图 4-104　通过单轴缩放调整宽度　　图 4-105　通过单轴缩放调整厚度　　图 4-106　通过类似方法制作
　　　　　　　　　　　　　　　　　　　　　　　　　　　　　　　　　　　　沙发垫

步骤④ 沙发垫造型调整完成后，结合使用【直线】以及【推/拉】工具创建沙发靠背，如图 4-108 所示，完成简约沙发模型的制作，如图 4-109 所示。

图 4-107　通过单轴拉伸调整厚度　　　图 4-108　绘制靠背线形　　　图 4-109　推拉完成最终效果

079　经典吧椅

文件路径: 配套资源\第 04 章\079	视频文件: 视频\第 04 章\079.MP4

本例学习经典吧椅模型的制作，主要使用到【圆】、【直线】、【圆弧】、【偏移】以及【推/拉】等工具。

步骤① 启用【圆】工具，绘制一个直径为 540mm 的圆形，如图 4-110 所示。

步骤② 结合使用【偏移】与【推/拉】工具，制作出底座细节，如图 4-111 所示。

图 4-110　绘制底座圆形　　　　　　　　　图 4-111　制作底座细节

步骤③ 结合使用【偏移】与【推/拉】工具，完成支撑杆造型细节，如图 4-112 与图 4-113 所示。

图 4-112　通过推拉与偏移制作支架底部细节　　　图 4-113　支架完成细节

步骤 ④ 结合使用【直线】与【圆弧】工具，绘制出靠背轮廓线形，结合【偏移】与【圆弧】工具进行封面，最后使用【推/拉】工具制作出 500mm 的宽度，如图 4-114~图 4-117 所示。

图 4-114　绘制靠背轮廓线形

图 4-115　使用偏移复制工具

图 4-116　使用圆弧进行封面

步骤 ⑤ 使用类似的方法，完成坐垫模型的制作，如图 4-118 与图 4-119 所示。

图 4-117　推拉出 500mm 宽度

图 4-118　绘制坐垫轮廓

图 4-119　推拉出坐垫宽度

步骤 ⑥ 绘制圆形截面与矩形路径，通过【路径跟随】工具完成踏脚线形，然后通过复制完成细节效果，如图 4-120~ 图 4-122 所示。

图 4-120　绘制矩形路径与圆形
截面

图 4-121　制作踏脚线形

图 4-122　复制踏脚细节

步骤 ⑦ 打开【材料】面板，为支架与靠背分别赋予金属与木纹材质，完成最终效果如图 4-123 与图 4-124 所示。

图 4-123　赋予金属与木纹

图 4-124　吧椅完成效果

080　办公桌椅

✉ 文件路径：配套资源\第 04 章\080	◉ 视频文件：视频\第 04 章\080.MP4

本例将学习曲线形办公桌椅模型的制作，主要使用到【矩形】、【圆弧】以及【推/拉】工具，在模型的创建过程中，注意学习辅助物体与旋转工具的使用。

步骤01 制作办公桌造型，如图 4-125 所示。启用【矩形】工具，绘制一个 1220mm×3657mm 的矩形，如图 4-126 所示。

图 4-125　办公桌单体模型

图 4-126　创建辅助矩形

步骤02 启用【圆弧】工具，捕捉矩形边线端点与中点绘制一段圆弧，如图 4-127 所示，通过复制弧形，制作曲线平面，如图 4-128 与图 4-129 所示。

图 4-127　绘制弧线

图 4-128　旋转复制弧线

图 4-129　封闭曲线平面

步骤03 删除曲线平面多余线段，启用【推/拉】工具，制作 100mm 厚度，生成台面如图 4-130

所示。

步骤 04 选择制作好的台面创建为组，如图 4-131 所示，然后进行 90° 旋转复制，如图 4-132 所示。

图 4-130　推拉 100mm 厚度

图 4-131　创建台板为组　　图 4-132　旋转复制台板

步骤 05 通过【缩放】工具，调整出台面支撑造型，如图 4-133 所示。

步骤 06 制作办公椅单体模型，如图 4-134 所示。切换至【右视图】，结合使用【直线】与【圆弧】工具，绘制底部轮廓直线，如图 4-135 所示。

图 4-133　制作支撑造型

图 4-134　办公椅单体模型

图 4-135　绘制底部轮廓直线

图 4-136　偏移复制

图 4-137　推拉出 710mm 宽度

图 4-138　通过辅助线绘
制靠背弧线

步骤 07 选择轮廓线条，启用【偏移】工具，向内以 32mm 距离进行偏移，如图 4-136 所示。启用【推/拉】工具，制作 710mm 的宽度，如图 4-137 所示。

步骤 08 使用类似的方法，结合使用【弧线】、【偏移】、【直线】及【推/拉】工具，制作办公椅靠背模型，如图 4-138~图 4-141 所示。

步骤 09 复制制作好的办公椅模型，沿办公桌进行排列，如图 4-142 所示。

图 4-139　偏移复制

图 4-140　封闭靠背轮廓线

图 4-141　推拉宽度

步骤⑩ 打开【材料】面板，整体赋予"原色樱桃木"材质，完成整体效果，如图 4-143 与图 4-144 所示。

图 4-142　复制办公椅

图 4-143　赋予原色樱桃木材质

图 4-144　办公桌椅整体效果

第5章
室内高级模型建模

在掌握了 SketchUp 基本工具的使用与常规的建模方法后，本章将通过 8 个经典的室内高级模型案例，进一步学习 SketchUp 高级建模的方法，在进一步熟练相关命令操作的同时，掌握多种高级模型创建思路。

081 沐浴间

文件路径: 配套资源\第 05 章\081 　　　　视频文件: 视频\第 05 章\081.MP4

本例学习沐浴间模型的制作，主要使用到【直线】、【圆】及【推/拉】等工具或命令，初步学习从整体轮廓细化出细节模型的建模方法。

步骤 01 启用【矩形】工具绘制矩形，结合【卷尺】及【直线】工具，分割出沐浴间轮廓平面，如图 5-1 与图 5-2 所示。

图 5-1　绘制矩形　　　　　　　　　　图 5-2　分割矩形

步骤 02 启用【推/拉】工具，推拉出底部厚度，然后按住 Ctlr 键，分两次推拉复制出沐浴间的整体轮廓，如图 5-3~图 5-5 所示。

图 5-3　推拉 100mm 的厚度　　图 5-4　复制推拉 1950mm 的高度　　图 5-5　推拉完成效果

步骤 03 结合使用【卷尺】、【直线】以及【推/拉】工具，制作沐浴间玻璃门轮廓效果，如图 5-6~图 5-8 所示。

图 5-6　分割出 10mm 宽度　　　图 5-7　向内推拉 32mm　　　图 5-8　推拉出玻璃门框效果

步骤 ④ 放大模型至玻璃门框处，删除交错面，启用【直线】工具在中部进行分割，分割完成后，将玻璃门单独创建为群组，如图 5-9~图 5-11 所示。

图 5-9　删除交错面并进行分割　　　图 5-10　沐浴间模型初步效果　　　图 5-11　将玻璃门单独成组

步骤 ⑤ 结合使用【偏移】与【推/拉】工具，制作出玻璃门门框与玻璃细节，然后在中部门框处制作出拉手模型，如图 5-12~图 5-14 所示。

图 5-12　向内偏移复制　　　　　图 5-13　向内推拉　　　　　图 5-14　制作拉手模型

步骤 ⑥ 沐浴间玻璃门细化完成后，打开【材料】面板，为玻璃赋予透明材质后将其隐藏，如图 5-15 与图 5-16 所示。接下来细化沐浴间内部效果。

步骤 ⑦ 启用【偏移】工具，选择内部边线进行偏移复制，形成分割面后，启用【推/拉】工具制作出沐浴间下沿细节，如图 5-17~图 5-19 所示。

图 5-15　沐浴间门模型完成效果　　　图 5-16　赋予玻璃材质　　　图 5-17　偏移复制

步骤 ⑧ 结合使用【圆】与【偏移】工具，在底部制作出地漏细节，如图 5-20 所示。

步骤 ⑨ 打开【组件】面板，合并"浴具"模型，放置好位置后，取消玻璃门的隐藏，完成沐浴间最终模型，如图 5-21~图 5-23 所示。

图 5-18　偏移复制

图 5-19　向下推拉 60mm

图 5-20　制作地漏细节

图 5-21　通过组件合并浴具

图 5-22　放置浴具

图 5-23　沐浴间最终效果

082 梳妆台

📧 文件路径：配套资源\第 05 章\082	◎ 视频文件：无

本例学习梳妆台模型的制作，主要使用到【矩形】、【圆弧】、【卷尺】以及【推/拉】工具。在模型的创建过程中，注意学习推拉复制的使用技巧。

步骤 01 结合使用【矩形】与【推/拉】工具，依次推拉出梳妆台整体造型轮廓，如图 5-24~图 5-29 所示。

图 5-24　创建矩形

图 5-25　推拉出整体轮廓

图 5-26　推拉出边缘细节

图 5-27　推拉出左侧上部轮廓

图 5-28　推拉出右侧轮廓

步骤 02 结合使用【卷尺】、【直线】以及【推/拉】工具，分割左下方模型面，并制作出抽屉与后部挡板细节，如图 5-30 与图 5-31 所示。

图 5-29　梳妆台整体轮廓完成效果

图 5-30　细分割左侧下方模型面

图 5-31　推拉出抽屉等细节

步骤 03 结合使用【卷尺】、【直线】以及【推/拉】工具，分割右侧模型面，并制作出抽屉与边沿细节，如图 5-32~图 5-34 所示。

图 5-32　分割右侧模型面

图 5-33　制作缝隙细节

图 5-34　推拉出右侧边沿细节

步骤 04 启用【推/拉】工具，制作出左侧搁板深度，然后结合使用【卷尺】、【圆弧】等工具分割出搁板造型，最后使用【推/拉】工具推空，如图 5-35~图 5-37 所示。

图 5-35　推拉出左侧搁板深度

图 5-36　分割搁板造型细节

图 5-37　推空多余搁板

步骤 05 结合使用【卷尺】、【圆弧】等工具分割出镜子轮廓，然后使用【推/拉】工具制作10mm 厚度，如图 5-38 与图 5-39 所示。

步骤 06 打开【组件】面板，合并拉手模型，然后进行复制与位置调整，如图 5-40 所示。

图 5-38　分割镜子轮廓细节　　　图 5-39　推拉镜子厚度　　　图 5-40　合并拉手模型组件

步骤 07 打开【材料】面板，分别为镜子与柜面赋予对应材质，完成梳妆台最终模型效果，如图 5-41~图 5-43 所示。

图 5-41　赋予镜子金属材质　　　图 5-42　赋予柜面花纹装饰　　　图 5-43　梳妆台最终模型效果

083 简欧圆台

文件路径：配套资源\第 05 章\083　　　视频文件：视频\第 05 章\083.MP4

本例学习简欧圆台模型的制作，主要使用到【圆】、【圆弧】、【直线】以及【路径跟随】等工具。在模型的创建过程中，注意学习模型的组合技巧。

步骤 01 启用【圆】工具，绘制一个直径为 1000mm 的圆形，如图 5-44 所示。启用【缩放】工具，在宽度方向以 0.40 的比例进行缩放，形成椭圆如图 5-45 所示。

步骤 02 在前视图中，结合使用【圆弧】与【直线】工具，绘制圆台装饰线截面，如图 5-46 所示，然后使用【路径跟随】工具制作好装饰线，如图 5-47 所示。

步骤 03 选择顶部椭圆形面，启用【偏移】工具向内偏移 10mm，如图 5-48 所示，再启用【推/拉】工具，制作顶部与底部细节，如图 5-49 与图 5-50 所示。

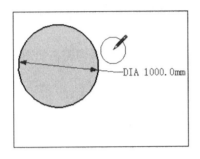

图 5-44 创建直径为 1000mm 圆形

图 5-45 单轴缩放为椭圆

图 5-46 绘制装饰线截面

图 5-47 启用路径跟随工具

图 5-48 启用偏移复制工具

步骤 04 制作支撑架，首先启用【圆弧】工具绘制支撑架弧形外轮廓，如图 5-51 所示。

图 5-49 向上推拉 8mm 高度

图 5-50 向内推拉 30mm

图 5-51 绘制弧形

步骤 05 启用【偏移】工具，制作 30mm 的弧形宽度，如图 5-52 所示，使用【推/拉】工具制作 20mm 厚度，如图 5-53 所示。

图 5-52 制作弧形宽度

图 5-53 推拉出 20mm 厚度

图 5-54 进行旋转复制

步骤 06 选择制作完成的支撑架，通过复制与缩放，制作好其他支撑架，如图 5-54 与图 5-55 所示。

步骤 07 切换至【X 光透视模式】显示模式，结合使用【矩形】与【推/拉】工具，制作好底部搁板造型，如图 5-56 与图 5-57 所示。

图 5-55　进行移动复制与缩放　　　图 5-56　在透明模式下绘制矩形　　　图 5-57　推拉 20mm 厚度

步骤 08 打开【材料】面板，为整体模型赋予"原色樱桃木"材质，如图 5-58 所示，完成最终效果如图 5-59 所示。

图 5-58　选择赋予原色樱桃木质纹材质　　　　　图 5-59　模型最终效果

084 欧式厨柜

文件路径：配套资源\第 05 章\084	视频文件：视频\第 05 章\084.MP4

本例学习简欧厨柜模型的制作，主要使用到【圆】、【圆弧】、【直线】以及【路径跟随】等工具。在模型的制作过程中，注意双击重复操作以及移动复制的技巧。

步骤 01 结合使用【矩形】与【推/拉】工具，分别制作厨柜上下两部分的轮廓造型，如图 5-60~图 5-62 所示。

图 5-60　创建矩形　　　　　图 5-61　复制推拉下部轮廓

步骤 02 使用【推/拉】工具，制作出下部边沿向内收边 25mm 的细节，如图 5-63 所示。

步骤 03 结合使用【卷尺】、【直线】工具以及【拆分】命令，细分割厨柜下方正面模型面，如图 5-64 所示。

图 5-62　复制推拉上部轮廓

图 5-63　推拉出下部边沿细节

图 5-64　分割下方正面模型面

步骤 04 结合使用【偏移】、【推/拉】工具，制作出下方的柜门细节，如图 5-65~图 5-67 所示。

图 5-65　向内偏移复制

图 5-66　推拉下方柜门细节

图 5-67　推拉上方柜门细节

步骤 05 选择制作的柜门细节，通过多重【移动】，完成厨柜下方细节的制作，如图 5-68 与图 5-69 所示。

步骤 06 结合使用【卷尺】、【直线】工具以及【拆分】命令，细分割厨柜上方正面模型面，如图 5-70 所示。

图 5-68　整体移动复制柜门

图 5-69　厨柜细节完成效果

图 5-70　分割厨柜上方正面模型面

步骤 07 结合使用【偏移】、【直线】以及【推/拉】，制作出厨柜上方的柜门与搁板细节，如图 5-71 与图 5-72 所示。

步骤 08 结合使用【直线】及【路径跟随】工具，制作好厨柜上方的角线细节，如图 5-73 与图 5-74 所示。

图 5-71　细化厨柜上方柜门

图 5-72　细化搁板造型

图 5-73　绘制上部角线截面

步骤 09 厨柜造型制作完成后，打开【材料】面板，选择并赋予木纹材质，完成最终效果如图 5-75 与图 5-76 所示。

图 5-74　完成角线模型制作

图 5-75　赋予模型木纹材质

图 5-76　厨柜模型最终效果

085 立式钢琴

文件路径：配套资源\第 05 章\085	视频文件：无

本例学习立式钢琴模型的制作，主要使用到【矩形】、【圆弧】、【直线】以及【推/拉】等工具，在制作过程中，注意模型细化方法与使用缩放工具制作倒角效果的技巧。

步骤 01 结合使用【矩形】与【推/拉】工具，制作出立式钢琴轮廓，如图 5-77 与图 5-78 所示。

图 5-77　绘制矩形

图 5-78　推拉 1575mm 的高度

步骤 02 使用【矩形】在左下角绘制分割面，使用【推/拉】工具向外推拉，制作脚部造型，如图 5-79 与图 5-80 所示。

步骤 03 按住 Ctrl 键将其向外以 5mm 高度进行推拉复制，然后使用【缩放】工具制作出倒角效果，如图 5-81 与图 5-82 所示。

图 5-79　绘制矩形分割面

图 5-80　推拉 200mm 的长度

图 5-81　复制推拉 5mm 的长度

步骤 04 重复类似的操作，制作好两侧的支撑脚模型效果，如图 5-83 所示。接下来制作上方边沿细节。

图 5-82　使用缩放工具制作
倒角效果

图 5-83　制作支撑脚细节

图 5-84　以 25mm 距离向
外偏移复制

步骤 05 结合使用【偏移】与【推/拉】工具，制作出上部边沿细节，如图 5-84 与图 5-85 所示。

图 5-85　制作边沿细节

图 5-86　分割正面模型面

图 5-87　推拉出按键搁板

步骤 06 结合使用【卷尺】、【直线】以及【推/拉】工具，制作出中部按键搁板造型，如图 5-86~图 5-87 所示。

步骤 07 捕捉创建好的搁板空间，结合使用【矩形】、【卷尺】、【圆弧】以及【推/拉】工具制作出琴盒，如图 5-88~图 5-91 所示。

步骤 08 结合使用【矩形】、【直线】以及【推/拉】工具，制作上方装饰细节，并进行移动复制，如图 5-92~图 5-94 所示。

图 5-88　捕捉搁板绘制矩形

图 5-89　创建分割辅助线

图 5-90　细分割矩形面

图 5-91　推拉出琴盒厚度

图 5-92　制作上方装饰细节轮廓

图 5-93　调整出造型细节

步骤 09 结合使用【矩形】、【直线】以及【圆弧】工具，绘制出下方支撑装饰截面，如图 5-95 所示。

步骤 10 启用【推/拉】工具，制作出支撑装饰构件厚度，然后移动复制出另一侧的相同模型，如图 5-96 与图 5-97 所示。

图 5-94　复制上方造型细节

图 5-95　绘制下方支撑装饰截面

图 5-96　推拉出 46mm 厚度

步骤 11 钢琴模型制作完成后，打开【材料】面板赋予材质，然后制作座凳模型完成整体效果，如图 5-98 与图 5-99 所示。

图 5-97　移动复制连接装饰

图 5-98　赋予材质

图 5-99　立式钢琴最终效果

086 中式条案

文件路径: 配套资源\第 05 章\086　　　　视频文件: 视频\第 05 章\086.MP4

本例制作中式条案模型，主要使用到【直线】、【多边形】、【圆弧】、【推/拉】以及【路径跟随】等工具，在模型的制作过程中，注意学习中式装饰构件的制作技巧。

步骤 01 结合使用【矩形】、【圆弧】以及【路径跟随】工具，制作出条案台板模型，如图 5-100~图 5-102 所示。

图 5-100　绘制角线截面　　　　　　　　图 5-101　绘制矩形

步骤 02 结合使用【卷尺】、【多边形】以及【推/拉】工具，制作出条案支撑脚，然后进行移动复制，如图 5-103~图 5-105 所示。

图 5-102　路径跟随　　　　　图 5-103　绘制多边形截面　　　　图 5-104　推拉出条案支撑脚

步骤 03 在【后视图】中参考条案台板绘制一个矩形，然后将其细分割为 3 行 3 列，如图 5-106 与图 5-107 所示。

图 5-105　复制支撑脚　　　　　图 5-106　绘制矩形　　　　　图 5-107　细分矩形面

步骤 04 结合使用【直线】与【圆弧】工具，通过捕捉分割线，绘制出装饰件截面，然后推拉出 25mm 厚度，如图 5-108 与图 5-109 所示。

步骤⑤ 移动复制装饰构件，并通过【镜像】调整好方向，然后通过缩放工具调整中部构件的造型，如图 5-110 所示。

图 5-108　绘制装饰件截面　　　图 5-109　推拉 25mm 厚度　　　图 5-110　复制并调整装饰件

步骤⑥ 删除连接构件中的多余线段，然后整体复制后方的装饰构件，如图 5-111 与图 5-112 所示。

步骤⑦ 捕捉装饰件绘制出侧面挡板，如图 5-113 所示。

图 5-111　删除连接多余线段　　　图 5-112　整体复制后方装饰件　　　图 5-113　绘制侧面挡板

步骤⑧ 条案模型制作完成后，进入【材料】面板赋予材质，完成最终模型效果，如图 5-114 与图 5-115 所示。

图 5-114　赋予木纹材质　　　　　　　图 5-115　条案最终模型效果

087 中式边柜

文件路径：配套资源\第 05 章\087	视频文件：无

本例制作中式边柜模型，主要使用到【矩形】、【直线】、【圆弧】、【偏移】以及【推/拉】

等工具，在模型的制作过程中，注意移动复制与中式装饰构件的制作技巧。

步骤 01 启用【矩形】工具，绘制一个 312.5mm×450mm 的矩形，如图 5-116 所示，结合使用【推/拉】与【偏移】工具，制作厚度与分割面，如图 5-117 所示。

图 5-116　绘制矩形

图 5-117　推拉长度并分割细节

步骤 02 选择分割面，启用【推/拉】工具，制作 10mm 的深度，如图 5-118 所示，然后选择内侧边线向内移动 5mm，如图 5-119 所示。

步骤 03 选择内部模型面，启用【缩放】工具，以 0.92 的比例进行中心缩放，如图 5-120 所示。接下来制作装饰细节。

步骤 04 启用【矩形】工具，绘制一个边长为 50mm 的矩形，如图 5-121 所示，然后选择边线进行【拆分】，如图 5-122 所示。

图 5-118　向内推拉 10mm 深度　　图 5-119　选择内侧边线向内移　　图 5-120　选择内部矩形进行中
　　　　　　　　　　　　　　　　　　　　　　动 5mm　　　　　　　　　　　　心缩放

步骤 05 启用【直线】工具连接拆分点，启用【圆弧】工具绘制装饰件外侧与内侧弧线，如图 5-123 与图 5-124 所示。

图 5-121　在转角处绘制矩形

图 5-122　选择边线进行拆分

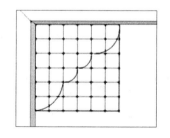

图 5-123　绘制装饰件外侧弧线

步骤 06 弧形绘制完成后，删除多余分割线，然后启用【圆】工具，在左上角绘制一个半径为 2.5mm 的圆形，如图 5-125 所示。

步骤 ⑦ 选择创建好的分割面，启用【推/拉】工具制作 5mm 厚度，如图 5-126 所示，通过旋转复制，制作好四角的装饰效果，如图 5-127 与图 5-128 所示。

图 5-124　绘制装饰件内部弧线　　　图 5-125　绘制装饰件圆孔　　　图 5-126　制作 5mm 厚度

步骤 ⑧ 打开【组件】面板，合并装饰拉手模型，如图 5-129 所示，打开【材料】面板，为其整体赋予黑色木纹材质，如图 5-130 所示。

图 5-127　复制并翻转装饰构件　　图 5-128　边柜单个抽屉完成效果　　图 5-129　调入拉手组件模型

步骤 ⑨ 将创建好的木箱整体创建为群组，如图 5-131 所示，然后通过移动复制，形成边柜上部整体造型，如图 5-132 所示。接下来制作支撑脚造型。

图 5-130　赋予材质　　　图 5-131　将抽屉创建　　　图 5-132　移动复制出边柜整体造型
为群组

步骤 ⑩ 结合使用【矩形】与【推/拉】工具，制作支撑脚轮廓，如图 5-133 所示。通过前面类似的方法，制作好内侧装饰构件，如图 5-134 所示。

步骤 ⑪ 绘制支撑脚表面装饰线，首先结合使用【直线】与【圆弧】工具绘制细节直线，如

图 5-135 所示。

图 5-133　制作支撑脚轮廓　　　图 5-134　绘制装饰构件　　　图 5-135　绘制支撑脚装饰线

步骤⑫ 通过【偏移】、【直线】以及【推/拉】工具，制作三维造型并进行复制，如图 5-136~图 5-138 所示。

图 5-136　将装饰线截面封面　　　图 5-137　制作 3mm 装饰线厚度　　　图 5-138　复制装饰件

步骤⑬ 结合使用【圆弧】以及【推/拉】工具，制作装饰线连接造型，如图 5-139 与图 5-140 所示。

步骤⑭ 选择支撑脚底面，使用【推/拉】工具进行 5mm 的推拉复制，然后使用【缩放】工具制作出倒角效果，如图 5-141 所示。

图 5-139　绘制支撑脚雕刻细　　　图 5-140　支撑脚雕刻细节完成　　　图 5-141　制作支撑脚底部倒角效果
　　　　　　分面　　　　　　　　　　　　效果

步骤⑮ 将制作好的支撑脚创建为【组】，如图 5-142 所示，然后复制出其他三个支撑脚，完成整体造型，如图 5-143 与图 5-144 所示。

图 5-142　将支撑脚整体成组

图 5-143　复制支撑脚

图 5-144　中式边柜完成效果

088 休闲沙发组合

文件路径：配套资源\第 05 章\088	视频文件：视频\第 05 章\088.MP4

本例制作休闲沙发组合，主要使用到【矩形】、【直线】、【圆弧】、【偏移】以及【推/拉】等工具，在模型的制作过程中，注意学习模型细化技巧，以及通过缩放等操作快速改变模型造型的技巧。

1. 制作茶几

步骤 01 制作如图 5-145 所示的茶几模型。结合使用【矩形】与【推/拉】工具，制作出茶几轮廓，如图 5-146 与图 5-147 所示。

图 5-145　茶几模型

图 5-146　绘制矩形

步骤 02 使用【矩形】工具，通过捕捉顶面角点进行细分割，如图 5-148 与图 5-149 所示。

图 5-147　推拉 355mm 的高度

图 5-148　绘制正方形分割面

图 5-149　顶面分割完成效果

步骤 03 使用【推/拉】工具，逐步制作出支架与玻璃面细节效果，如图 5-150 与图 5-151 所示。

步骤 04 结合使用【卷尺】、【矩形】等工具分割侧面，然后使用【推/拉】工具推空，如图 5-152 与图 5-153 所示。

图 5-150　推拉支架出高差细节　　图 5-151　推拉出玻璃高差细节　　图 5-152　细分割侧面

步骤 05 重复类似操作，完成茶几框架效果，如图 5-154 所示。接下来进行造型的细化。

步骤 06 捕捉内部角点创建一个矩形分割面，使用【推/拉】工具制作出上部木条细节，如图 5-155 与图 5-156 所示。

图 5-153　推空侧面　　　　　　图 5-154　茶几框架完成效果　　　图 5-155　分割上部底面

步骤 07 选择下部边线进行拆分，分割完成后，使用【推/拉】工具制作出木栅格细节，如图 5-157 与图 5-158 所示。

图 5-156　向内推拉 30mm　　　图 5-157　选择边线进行拆分　　　图 5-158　制作出栅格

步骤 08 结合使用【矩形】与【推/拉】工具，制作出支撑脚细节，完成茶几模型的制作，如图 5-159 与图 5-160 所示。接下来制作如图 5-161 所示的单人沙发。

图 5-159　推拉出支撑脚

图 5-160　茶几完成效果

图 5-161　单人沙发

2．制作单人沙发

步骤 01 结合使用【矩形】与【圆弧】工具，制作出沙发前脚轮廓，如图 5-162~图 5-164 所示。

图 5-162　绘制矩形

图 5-163　绘制前方弧线

图 5-164　绘制后方弧线

步骤 02 使用【推/拉】工具制作出前脚厚度，创建长方体，使用【减去】运算制作出细节，如图 5-165~图 5-167 所示。

图 5-165　推拉 130mm 厚度

图 5-166　创建长方体进行减去运算

图 5-167　沙发前脚完成
效果

步骤 03 使用类似方法，制作出沙发后脚模型，然后加选前脚模型，以 760mm 的宽度进行移动复制，如图 5-168~图 5-170 所示。

图 5-168 绘制沙发后脚参考矩形   图 5-169 绘制沙发后脚截面   图 5-170 推拉沙发后脚并复制

步骤 04 启用【矩形】工具制作出沙发底板，然后结合使用【偏移】与【推/拉】工具制作出细节，如图 5-171 与图 5-172 所示。

步骤 05 使用类似方法制作出沙发侧板模型，然后通过整体复制，完成沙发框架效果，如图 5-173 与图 5-174 所示。

图 5-171 绘制沙发底板   图 5-172 制作底板细节   图 5-173 制作沙发侧板

步骤 06 启用【矩形】工具，参考底板制作出沙发垫，并进行细分割，如图 5-175~图 5-177 所示。

图 5-174 沙发框架完成效果   图 5-175 绘制沙发垫   图 5-176 捕捉支架分割沙发面

步骤 07 启用【推/拉】工具，制作出沙发靠垫细节，然后通过分割线的移动，调整出靠背的造型效果，如图 5-178 与图 5-179 所示。

図 5-177　沙发垫细分完成效果　　　図 5-178　推拉出沙发靠垫　　　図 5-179　调整靠背造型

步骤 08 沙发制作完成后，打开【材料】面板赋予材质，如图 5-180 所示。

步骤 09 将沙发复制一份，然后通过侧板、底板以及座垫的调整，制作出双人沙发模型，如图 5-181~ 图 5-184 所示。

図 5-180　赋予单人沙发造型材质　　図 5-181　复制单人沙发并调整　　　図 5-182　调整底板宽度
　　　　　　　　　　　　　　　　　　　　　　　宽度

步骤 10 通过类似方法制作出三人沙发模型，并调整摆放位置，即完成沙发模型组合创建，最终效果如图 5-185 所示。

図 5-183　调整坐垫宽度　　　　図 5-184　制作坐垫分割线　　　図 5-185　休闲沙发组合最终效果

第6章
室外基础模型建模

本章学习室外基础模型的创建方法，除了进一步熟悉相关的命令与操作外，读者应重点掌握室外模型的特点、建模思路与创建技巧。

089 花坛

文件路径: 配套资源\第 06 章\089　　视频文件: 视频\第 06 章\089.MP4

本例学习花坛模型的制作，主要使用到【矩形】、【推/拉】以及【缩放】工具，在模型的建立过程中，注意倒角效果的制作技巧。

步骤 01 启用【矩形】工具，绘制如图 6-1 所示的矩形，使用【推/拉】工具推拉出 415mm 的高度，如图 6-2 所示。

步骤 02 选择顶部模型面，启用【缩放】工具缩放，制作出上大下小的凸台效果，如图 6-3 所示。

图 6-1　绘制矩形

图 6-2　推拉 415mm 高度

图 6-3　缩放顶面

步骤 03 结合使用【偏移】与【推/拉】工具，制作出休息平台，如图 6-4 与图 6-5 所示。

步骤 04 结合使用【推/拉】与【缩放】工具，制作出花坛轮廓，然后使用【偏移】与【复制】工具，制作出边缘细节，如图 6-6 与图 6-7 所示。

图 6-4　向外偏移复制

图 6-5　制作休息平台

图 6-6　创建内部花坛轮廓

步骤 05 打开【材料】面板，为花坛与休息平台分别赋予不同材质，如图 6-8 与图 6-9 所示。

步骤 06 打开【组件】面板，合并花朵模型组件，如图 6-10 所示，最终完成的花坛模型效果如图 6-11 所示。

图 6-7　制作内部花坛细节

图 6-8　赋予材质

图 6-9　赋予平台大理石石材

图 6-10　合并花朵模型组件

图 6-11　花坛模型最终效果

090 石头长椅

文件路径: 配套资源\第 06 章\090	视频文件: 视频\第 06 章\090.MP4

本例学习石头长椅模型的制作，主要使用到【矩形】、【圆弧】、【偏移】及【推/拉】等工具。在模型的创建过程中，重点掌握移动复制与缩放工具的使用技巧。

步骤 01 结合使用【矩形】与【推/拉】工具，制作出底部石块轮廓造型，通过缩放工具调整出倒角效果，如图 6-12~图 6-14 所示。

图 6-12　创建矩形

图 6-13　推拉顶面

步骤 02 切换至左视图，启用【矩形】工具，绘制一个如图 6-15 所示的矩形，然后对其进行分割，如图 6-16 所示。

步骤 03 启用【圆弧】工具，捕捉分割形成的交点与线段，制作弧线平面，如图 6-17 所示。

图 6-14　缩放制作倒角　　　　　图 6-15　创建辅助矩形　　　　　图 6-16　细分割矩形

步骤 04 结合使用【推/拉】与【偏移】工具，制作出厚度并进行分割，如图 6-18 与图 6-19 所示。

图 6-17　绘制弧线平面　　　　　图 6-18　推拉出厚度　　　　　图 6-19　向内偏移复制

步骤 05 使用【推/拉】与【缩放】工具，制作出内部倒角细节，如图 6-20~图 6-22 所示。

图 6-20　删除多余线段　　　　　图 6-21　向内推入 15mm　　　　　图 6-22　缩放制作倒角细节

步骤 06 删除后方未进行细化的模型面，选择制作好细节的侧面，通过复制与镜像，得到支承脚整体细节，如图 6-23 与图 6-24 所示。

步骤 07 以 700mm 的距离整体移动复制支承脚模型，如图 6-25 所示。

图 6-23 移动复制细节模型面　　图 6-24 通过镜像工具调整朝向　　图 6-25 整体移动复制支承脚

步骤 08 移动复制底部石板，并对齐位置，通过缩放调整大小，如图 6-26 所示，然后赋予石板材质，如图 6-27 所示，最终效果如图 6-28 所示。

图 6-26 复制石块并进行缩放　　图 6-27 调整石板造型并赋予材质　　图 6-28 石头长椅模型最终效果
　　　　调整

091 木质圆椅

文件路径：配套资源\第 06 章\091	视频文件：视频\第 05 章\091.MP4

　　本例将学习木质圆椅的制作，主要使用到【矩形】【直线】【圆】【推/拉】以及【偏移】等工具。在模型的创建过程中，注意连续偏移复制以及缩放工具的使用技巧。

步骤 01 启用【矩形】工具，绘制一个边长为 600mm×1060mm 的矩形，如图 6-29 所示。结合使用【卷尺】与【直线】工具进行细分割，如图 6-30 所示。

图 6-29 创建辅助矩形　　　　　　图 6-30 细分割矩形

步骤 02 启用【推/拉】工具制作 50mm 厚度，如图 6-31 所示。然后整体以 60° 进行多重旋转复制，如图 6-32 与图 6-33 所示。

图 6-31　推拉出支撑架厚度　　　图 6-32　以 60° 进行旋转复制　　　图 6-33　多重旋转复制结果

步骤 03 启用【圆】工具，在支承脚中心位置创建一个半径为 925mm 的圆形，如图 6-34 所示。

步骤 04 启用【偏移】工具，连续多次偏移圆形，形成木条分割面，如图 6-35～图 6-37 所示。

图 6-34　创建圆形　　　图 6-35　向外以 80mm 偏移复制　　　图 6-36　向外以 20mm 偏移复制

步骤 05 启用【推/拉】工具，制作出 30mm 的木条厚度，如图 6-38 所示。

步骤 06 选择最内侧的环形木条，向上移动复制，如图 6-39 所示，然后通过缩放调整造型，如图 6-40 与图 6-41 所示。

图 6-37　连续进行偏移复制　　　图 6-38　推拉出木条厚度　　　图 6-39　向上复制环形木条

步骤 07 重复以上的移动复制与缩放，完成整体造型，如图 6-42 与图 6-43 所示。最后打开【材料】面板，选择并赋予材质，如图 6-44 所示，最终效果如图 6-45 所示。

图 6-40　通过缩放调整大小

图 6-41　通过缩放调整厚度

图 6-42　向上移动复制 3 份

图 6-43　通过缩放工具调整造型

图 6-44　赋予木纹材质

图 6-45　木质圆椅最终效果

092　中式护栏

文件路径：配套资源\第 06 章\092	视频文件：视频\第 06 章\092.MP4

　　本例制作中式护栏模型，主要使用到【矩形】、【直线】、【圆弧】、【偏移】以及【推/拉】等工具。在模型的制作过程中，注意学习模型细化技巧，以及通过缩放等操作快速改变模型造型的技巧。

步骤 01 结合使用【矩形】与【直线】工具，绘制出栏杆石柱底部轮廓，如图 6-46 与图 6-47 所示。

图 6-46　创建正方形

图 6-47　切割边角

步骤 02 结合使用【推/拉】、【偏移】以及【缩放】工具，制作出石柱柱体与柱头造型细节，如图 6-48~图 6-50 所示。

图 6-48　推拉高度并进行偏移复制

图 6-49　制作柱头细节

图 6-50　缩放形成倒角效果

步骤 03 选择创建好的石柱模型，整体以 1500mm 的距离进行复制，如图 6-51 所示。

步骤 04 选择下部柱身，单独进行复制，复制完成后剪切出原有组，如图 6-52 所示。

步骤 05 使用旋转工具调整柱身角度，如图 6-53 所示，使用缩放工具调整柱身大小，如图 6-54 所示。

图 6-51　复制石柱

图 6-52　复制柱身

图 6-53　调整柱身角度

步骤 06 在绿色轴上进行缩放，调整柱身长度如图 6-55 所示，以连接相邻的立柱。

步骤 07 参考竖立石柱进行移动复制与对位，如图 6-56 所示。制作好护栏基本框架。

图 6-54　缩放柱身大小

图 6-55　调整柱身长度

图 6-56　复制并对位柱体

步骤 08 结合使用【卷尺】以及【矩形】工具，参考护栏创建中部栅格轮廓，如图 6-57 所示。

步骤 09 结合使用【偏移】以及【直线】工具，对矩形进行细分割，如图 6-58 与图 6-59 所示。

步骤 10 矩形细分割完成后，启用【推/拉】工具为其制作 60mm 的厚度，如图 6-60 所示。

图 6-57 绘制栅格轮廓

图 6-58 向内偏移复制

图 6-59 细分割矩形

步骤⑪ 启用【直线】工具，在栅格中分割出一个矩形，使用【推/拉】工具向内推入 20mm，如图 6-61 与图 6-62 所示。

图 6-60 推拉 60mm 厚度

图 6-61 分割中间矩形平面

图 6-62 向内推拉 20mm

步骤⑫ 选择制作好的竖立石柱进行移动复制，如图 6-63 所示，完成护栏模型整体效果，如图 6-64 所示。

图 6-63 复制模型

图 6-64 护栏完成效果

093 草坪灯

✉ 文件路径：配套资源\第 06 章\093	◉ 视频文件：视频\第 06 章\093.MP4

本例学习草坪灯模型的制作，主要使用到【圆】【推/拉】【偏移】以及【路径跟随】等工具，重点掌握多重旋转复制与缩放工具的使用技巧。

步骤① 结合使用【圆】与【推/拉】工具，制作出灯体底部轮廓造型，如图 6-65 与图 6-66 所示。

图 6-65　创建圆形

图 6-66　推拉底部厚度

步骤 02 结合使用【推/拉】与【缩放】工具，制作底部连接细节，如图 6-67 与图 6-68 所示。接下来制作中部灯柱模型。

→提示

在创建圆形时，输入圆形半径数值后再输入"32S"，将圆形细分为 32 段圆弧，以便于后面模型的制作。

步骤 03 启用【偏移】工具，选择当前的圆形顶面，向外以 10mm 距离进行偏移复制，然后移动复制偏移得到的圆形平面，如图 6-69 与图 6-70 所示。

图 6-67　制作底部连接细节

图 6-68　利用缩放制作倒角效果

图 6-69　偏移复制

步骤 04 再次复制圆形平面，选择其中一个进行分解，使用【推/拉】工具制作出灯柱的轮廓细节，如图 6-71 与图 6-72 所示。

图 6-70　复制偏移得到的圆形
　　　　　平面

图 6-71　分解圆形平面

图 6-72　推拉复制出灯柱轮廓

步骤 05 结合使用【偏移】与【推/拉】工具，制作中部灯片细节，如图 6-73 与图 6-74 所示。

步骤 **06** 删除中部其他未细分平面，打开【材料】面板，为灯片赋予暖色灯光材质效果，如图 6-75 所示。

图 6-73　向内偏移复制

图 6-74　向内推拉

图 6-75　赋予暖色材质

步骤 **07** 选择制作好的灯片，将其创建为组，然后通过多重旋转复制，制作出中部灯柱效果，如图 6-76~图 6-78 所示。

图 6-76　将发光片创建为组

图 6-77　以 15° 进行旋转复制

图 6-78　多重复制 31 份

步骤 **08** 制作灯头模型，选择另一个圆形，将其拆分为 16 等份，如图 6-79 与图 6-80 所示。

步骤 **09** 启用【推/拉】工具，通过复制推拉，制作出灯头轮廓造型，如图 6-81 所示。由于圆形拆分数目与创建时的分段数有差别，因此无法直接使用【推/拉】等工具制作灯片细节，如图 6-82 所示。

图 6-79　选择圆

图 6-80　拆分圆

图 6-81　复制推拉灯头轮廓

步骤⑩ 删除其中一片圆弧平面，启用【矩形】工具捕捉端点创建一个矩形平面，然后参考之前的方法，制作出细节并赋予暖色材质，如图 6-83 与图 6-84 所示。

图 6-82　无法直接进行推拉　　　图 6-83　捕捉端点创建矩形　　　图 6-84　制作灯头发光片细节

步骤⑪ 选择创建好的灯片，通过多重旋转复制制作出灯头造型，然后将制作好的部件进行对位，如图 6-85~图 6-87 所示。

图 6-85　多重复制发光片　　　图 6-86　草坪灯各部件完成效果　　　图 6-87　组合对位各完成部件

步骤⑫ 结合使用【圆】与【推/拉】工具制作灯罩轮廓，如图 6-88 所示，使用【缩放】工具制作尖顶，缩放距离为 0.5，结果如图 6-89 所示，最终效果如图 6-90 所示。

图 6-88　制作灯罩轮廓　　　图 6-89　缩放制作尖顶　　　图 6-90　草坪灯最终效果

094 户外壁灯

文件路径：配套资源\第 06 章\094 　　　　视频文件：视频\第 06 章\094.MP4

本例学习户外壁灯的制作，主要使用到【矩形】、【直线】、【推/拉】以及【缩放】等工具，在制作过程中，重点掌握倾斜平面的处理方法与使用缩放工具制作尖角效果的技巧。

步骤 01 结合使用【矩形】与【推/拉】工具，制作铁板及外沿细节，如图 6-91 与图 6-92 所示。

图 6-91　绘制矩形

图 6-92　推拉厚度与外沿细节

步骤 02 通过【缩放】工具制作铁板正面外沿倒角细节以及两侧倒角效果，如图 6-93 与图 6-94 所示。

步骤 03 结合使用【卷尺】与【矩形】工具，在铁板上方绘制一个矩形平面，然后通过【直线】工具创建出倾斜平面，如图 6-95 与图 6-96 所示。

图 6-93　制作正面倒角效果

图 6-94　制作两侧倒角效果

图 6-95　绘制正方形

步骤 04 结合使用【偏移】与【推/拉】工具，制作一侧的灯罩细节，如图 6-97 与图 6-98 所示。

图 6-96　连接线段形成倾斜平面

图 6-97　向内偏移复制

图 6-98　向内推入 6mm

步骤 **(05)** 选择制作的灯罩一侧，多重旋转复制得到其他三面，然后赋予玻璃片暖色材质，如图 6-99~图 6-101 所示。

图 6-99　旋转复制　　　　图 6-100　多重旋转复制　　　　图 6-101　赋予暖色材质

步骤 **(06)** 结合使用【推/拉】与【缩放】工具，制作出顶部尖顶细节效果，如图 6-102 与图 6-103 所示。

步骤 **(07)** 结合使用【多边形】、【偏移】以及【推/拉】工具，制作壁灯上方的挂孔模型，然后通过【缩放】工具调整好造型，如图 6-104~图 6-107 所示。

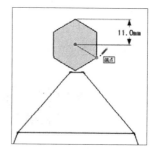

图 6-102　推拉 26mm 厚度　　图 6-103　通过缩放形成尖顶效果　　图 6-104　创建正六边形

图 6-105　制作挂件　　　　图 6-106　通过缩放调整造型　　　　图 6-107　壁灯上部完成效果

步骤 **(08)** 选择制作好的上部灯罩模型，通过旋转复制，得到下部灯罩主体，如图 6-108 所示。

步骤 **(09)** 结合使用【推/拉】与【缩放】工具，制作出灯罩下方的尖顶效果，如图 6-109~图 6-111 所示。

步骤 **(10)** 结合使用【矩形】与【推/拉】工具，制作后方悬挂铁板，然后打开【材料】面板，赋予材质，完成整体效果，如图 6-112 与图 6-113 所示。

图 6-108　旋转复制

图 6-109　复制推拉底部尖顶

图 6-110　缩放制作尖角

图 6-111　通过缩放调整造型

图 6-112　制作后方铁板并赋予材质

图 6-113　户外壁灯完成效果

095　垃圾桶

文件路径：配套资源\第 06 章\095	视频文件：视频\第 06 章\095.MP4

　　本例将制作垃圾桶模型，主要使用到【圆】、【推/拉】、【偏移】以及【路径跟随】等工具，重点掌握多重旋转复制与模型交错的使用技巧。

步骤 01 启用【圆】工具，绘制一个直径为 520mm 的圆形，如图 6-114 所示，使用【推/拉】工具制作 50mm 厚度，如图 6-115 所示。

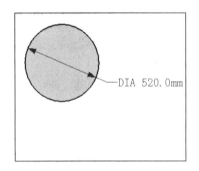

图 6-114　绘制直径为 520mm 圆形

图 6-115　推拉出 50mm 底部高度

步骤 02 按住 Ctrl 键进行多次推拉复制，制作垃圾桶整体轮廓，如图 6-116 所示。

步骤 03 选择上部第二条轮廓线，单击鼠标右键，激活【分解曲线】菜单命令，如图 6-117 所示。启用【直线】工具，捕捉分解形成的端点，进行面的分割，如图 6-118 所示。

图 6-116　推拉复制出整体轮廓　　图 6-117　选择圆形进行分解　　图 6-118　捕捉端点创建分割矩形

步骤 04 选择分割好的模型面，启用【偏移】工具，向内偏移 5mm，如图 6-119 所示，然后使用【推/拉】工具制作 10mm 厚度，如图 6-120 所示。

步骤 05 删除四周其他面，打开【材料】面板，将木质纹材质赋予制作好的木条，如图 6-121 所示。结合使用【卷尺】、【圆】以及【推/拉】工具，制作木条圆钉细节，如图 6-122 所示。

图 6-119　向内偏移复制　　　　图 6-120　推拉木板厚度　　　图 6-121　删除多余面并赋予木质纹

步骤 06 选择制作好的木条与圆钉，将其创建为【组】，如图 6-123 所示，然后使用多重旋转复制，快速创建好其他木条，如图 6-124 与图 6-125 所示。

图 6-122　制作圆钉　　　　　　图 6-123　创建组　　　　　图 6-124　以 15°旋转复制

步骤 07 选择垃圾桶顶面，启用【偏移】工具，向内以 350mm 的距离进行偏移，如图 6-126 所示。

步骤⑧ 结合使用【圆弧】、【直线】以及【路径跟随】工具，制作垃圾桶顶部圆盖，如图 6-127 与图 6-128 所示。接下来制作表面细节。

图 6-125　多重复制 31 份　　　图 6-126　绘制顶部圆形路径　　　图 6-127　绘制扇形截面

步骤⑨ 结合使用【矩形】、【圆弧】以及【推/拉】工具，创建好交错用的实体，如图 6-129 与图 6-130 所示。

图 6-128　使用路径跟随制作半　　图 6-129　绘制交错用实体截面　　图 6-130　推拉 200mm 厚度
　　　　　　球造型

步骤⑩ 调整好圆盖与实体位置，执行【模型交错】，如图 6-131 所示，最后制作好圆盖表面的圆钉细节，完成最终模型，如图 6-132 与图 6-133 所示。

图 6-131　选择半球进行模型交错　　图 6-132　绘制细节部件　　　图 6-133　垃圾桶完

成效果

096 小区信箱

✉ 文件路径: 配套资源\第 06 章\096	◎ 视频文件: 视频\第 06 章\096.MP4

　　本例学习小区信箱模型的制作，主要使用到【矩形】、【直线】、【缩放】、【偏移】、【推/拉】以及【三维文字】等工具，在模型的制作过程中，重点掌握模型的复制与文字应用的技巧。

步骤 01 结合使用【矩形】以及【推/拉】工具，制作出信箱主体轮廓模型，如图 6-134 与图 6-135 所示。

图 6-134　创建矩形　　　　　　　　　　　　图 6-135　推拉 400mm 厚度

步骤 02 结合使用【偏移】、【推/拉】以及【缩放】工具，制作信箱顶部细节效果，如图 6-136 与图 6-137 所示。

步骤 03 结合使用【卷尺】、【矩形】以及【推/拉】工具，制作出信箱支承脚，如图 6-138 所示。

图 6-136　制作顶部边沿细节　　　图 6-137　制作顶部倒角效果　　　图 6-138　制作底部支承脚

步骤 04 结合使用【偏移】、【推/拉】以及【缩放】工具，制作信箱支承板细节，如图 6-139~图 6-141 所示。

图 6-139　向外偏移复制　　　　图 6-140　制作支承板厚度　　　　图 6-141　制作支承板倒角

步骤 05 结合使用【偏移】、【直线】以及【拆分】命令，分割出正面信箱轮廓面，如图 6-142~图 6-144 所示。

图 6-142　向内偏移复制　　　　图 6-143　细分正面模型面　　　　图 6-144　细分出信箱轮廓

步骤 06 结合使用【偏移】、【推/拉】以及【直线】工具，制作出信箱边沿与投递入口细节，如图 6-145 与图 6-146 所示。

步骤 07 结合使用【卷尺】与【圆】工具，绘制锁头细分面，如图 6-147 所示。

图 6-145　制作信箱边沿细节　　　图 6-146　制作投递入口细节　　　图 6-147　绘制锁头细分面

步骤 08 结合使用【推/拉】、【缩放】以及【偏移】工具，制作出锁头造型细节，如图 6-148 与图 6-149 所示。

步骤 09 结合使用【卷尺】、【圆】以及【推/拉】工具，制作出锁孔细节，如图 6-150 与图 6-151 所示。

图 6-148 制作锁头轮廓

图 6-149 制作锁头边沿细节

图 6-150 创建锁孔细分面

步骤⑩启用【三维文字】工具，在弹出面板中输入信箱相关用户文字，然后单击【放置】按钮制作文字效果，如图 6-152 与图 6-153 所示。

图 6-151 推拉锁孔深度　　　图 6-152 输入信箱文字　　　图 6-153 旋转信箱文字

步骤⑪删除未进行细分的信箱模型面，然后复制细化完成的信箱模型，最后修改文字，完成模型最终效果，如图 6-154~图 6-156 所示。

图 6-154 复制信箱

图 6-155 修改信箱文字

图 6-156 信箱最终完成效果

第7章
室外高级模型建模

    本章通过 8 个经典的室外高级模型案例，进一步学习 SketchUp 高级建模的方法，在进一步熟练相关命令操作的同时，掌握多种室外高级模型建立思路和操作技巧。

097 石桥

| ✉ 文件路径：配套资源\第 07 章\097 | ◎ 视频文件：视频\第 07 章\097.MP4 |

　　本例学习石桥模型的制作，主要使用到【直线】、【圆弧】、【偏移】以及【推/拉】等工具，在模型的制作过程中，注意组件的调用与缩放工具使用技巧。

步骤 01 结合【卷尺】、【直线】以及【圆弧】工具，绘制出桥梁截面图形，如图 7-1 与图 7-2 所示。

图 7-1　创建桥梁基本截面　　　　　　　　　　图 7-2　绘制圆拱细节

步骤 02 启用【直线】工具，绘制出踏步线条，然后选择进行多重移动复制，如图 7-3~图 7-5 所示。

图 7-3　创建踏步线形　　　　图 7-4　移动复制踏步线形　　　　图 7-5　多重复制踏步线形

步骤 03 通过【复制】与【翻转方向】工具，制作好另一侧踏步线条，然后使用【推/拉】工具制作 2420mm 的宽度，如图 7-6 与图 7-7 所示。

步骤 04 选择边沿线条，使用【偏移】及【直线】工具制作石板截面，如图 7-8 与图 7-9 所示。

图 7-6　整体复制踏步线形　　　图 7-7　推拉 2420mm 的宽度　　　图 7-8　选择边沿线条

步骤 05 启用【推/拉】工具，选择截面进行复制推拉，制作出石板细节效果如图 7-10 所示。

图 7-9　向外偏移复制　　　　　　　图 7-10　复制推拉出石板细节

步骤 06 选择底部边线，以 275mm 的距离向外进行【偏移】，然后创建一个圆形截面，如图 7-11 与图 7-12 所示。

步骤 07 启用【路径跟随】工具，制作出侧面线条细节，然后将其整体复制至对侧，如图 7-13 与图 7-14 所示。

图 7-11　选择底部边线偏移复制　　　　图 7-12　创建圆形截面　　　　图 7-13　进行路径跟随

步骤 08 打开【组件】面板，合并之前创建好的中式护栏模型，然后进行初步对位，如图 7-15 与图 7-16 示。

图 7-14　复制另一侧装饰线效果　　图 7-15　合并护栏模型组件　　　图 7-16　调整护栏位置

步骤 09 结合使用【移动】、【旋转】以及【缩放】工具，调整外部栏杆效果，如图 7-17 与图 7-18 所示。

步骤 10 结合使用【直线】与【推/拉】工具，调整好内部栅格效果，然后复制出右侧斜向护栏并调整好朝向，如图 7-19~图 7-21 所示。

图 7-17　调整立柱与栅格　　　图 7-18　通过单轴缩放拉升栏杆　　　图 7-19　增加栅格细节

步骤⑪ 左右两侧斜向栏杆制作完成后，通过【缩放】工具制作好中部护栏，然后整体复制出后方护栏，如图 7-22 与图 7-23 所示。

图 7-20　推拉栅格细节　　　图 7-21　整体复制栏杆　　　图 7-22　制作中部护栏

步骤⑫ 打开【材料】面板，赋予整体模型石头材质，完成整体效果，如图 7-24 与图 7-25 所示。

图 7-23　整体复制护栏　　　图 7-24　赋予石头材质　　　图 7-25　石桥最终模型效果

098 候车亭

文件路径：配套资源\第 07 章\098　　　　视频文件：视频\第 07 章\098.MP4

本例学习弧形候车亭模型的制作，主要使用到【矩形】、【圆弧】、【卷尺】、【偏移】以及【推/拉】工具。在模型的创建过程中，重点掌握辅助矩形与多重移动复制的使用技巧。

步骤① 结合使用【矩形】、【圆弧】以及【推/拉】工具，制作好底部平台模型，如图 7-26~

图 7-28 所示。

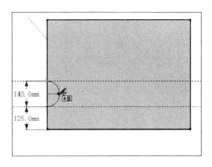

图 7-26 创建矩形　　　　　　　　　　　　　图 7-27　绘制弧形细节

步骤 02 结合使用【卷尺】、【直线】以及【圆弧】工具，绘制座椅截面图形，如图 7-29 与图 7-30 所示。

图 7-28　推拉 4100mm 长度　　　　图 7-29　绘制座垫截面线形　　　　图 7-30　绘制靠背截面线形

步骤 03 启用【推/拉】工具制作出座椅宽度，然后进行多重移动复制，完成整体效果，如图 7-31 与图 7-32 所示。

步骤 04 结合使用【矩形】与【圆弧】工具，创建出弧形顶棚轮廓线形，如图 7-33 与图 7-34 所示。

图 7-31　推拉出 530mm 座椅宽度　　　图 7-32　多重移动复制座椅模型　　　图 7-33　绘制辅助矩形

步骤 05 结合使用【偏移】、【直线】以及【推/拉】工具，制作出弧形骨架模型细节，如图 7-35~图 7-37 所示。

步骤 06 选择制作好的弧形骨架，以 2200mm 的距离进行多重移动复制，如图 7-38 所示。

步骤 07 选择凹陷处的弧形平面进行移动复制，然后选择内侧线条进行分解，如图 7-39 与图

7-40 所示。

图 7-34　创建顶棚轮廓线形

图 7-35　向外以 165mm 距离偏移复制

图 7-36　制作弧形骨架细节

图 7-37　推拉 50mm 深度

图 7-38　多重复制骨架模型

图 7-39　复制内部弧形面

步骤 08 启用【推/拉】工具制作 2200mm 的挡板宽度，然后间隔推拉出 20mm 的厚度，如图 7-41 与图 7-42 所示。

图 7-40　分解内侧弧形线

图 7-41　推拉 2200mm 宽度

图 7-42　间隔推拉 20mm 厚度

步骤 09 选择弧形挡板进行复制与对位，完成整体模型效果，如图 7-43 与图 7-44 所示。

图 7-43　整体复制弧形挡板

图 7-44　候车亭最终模型效果

099 圆形喷水池

文件路径: 配套资源\第 07 章\099   视频文件: 视频\第 07 章\099.MP4

本例制作圆形喷水池模型，主要使用到【圆】、【矩形】、【圆弧】、【推/拉】、【偏移】以及【路径跟随】等工具，在模型的制作过程中，重点掌握缩放与路径跟随的操作技巧。

步骤 01 结合使用【圆】、【偏移】以及【推/拉】工具，制作出喷泉底部边沿细节，如图 7-45 与图 7-46 所示。

图 7-45 创建圆形   图 7-46 制作边沿细节

步骤 02 结合使用【圆】、【直线】以及【路径跟随】工具，制作上部收边细节，如图 7-47~图 7-49 所示。

图 7-47 创建截面   图 7-48 向内偏移复制出路径平面   图 7-49 使用路径跟随制作上部细节

步骤 03 结合使用【偏移】与【推/拉】工具，制作出上部水面细节，删除中心多余模型面后，将其整体创建为【组】，如图 7-50~图 7-52 所示。

图 7-50 向下制作 25mm 深度   图 7-51 向内偏移复制 150mm   图 7-52 删除内部平面并创建组

步骤 **04** 选择整体模型向上偏移复制，然后使用【缩放】工具调整好半径大小与高度，如图 7-53~图 7-55 所示。

图 7-53　整体复制　　　　　图 7-54　通过缩放调整半径大小　　　图 7-55　通过缩放调整高度

步骤 **05** 重复复制与缩放操作，制作好喷水池基本结构，如图 7-56 所示。

步骤 **06** 结合使用【矩形】与【推/拉】工具，制作出立柱轮廓模型，然后使用【缩放】工具制作出顶部倒角细节，如图 7-57 与图 7-58 所示。

图 7-56　重复操作制作喷水池基　　　图 7-57　制作立柱轮廓　　　图 7-58　通过缩放制作倒角细节
　　　　　本结构

步骤 **07** 结合使用【直线】与【圆弧】工具，绘制立柱角线截面，如图 7-59 所示。启用【路径跟随】工具制作出角线细节模型，如图 7-60 所示。

步骤 **08** 结合使用【偏移】与【推/拉】工具，制作出侧面角线细节，如图 7-61 所示。

步骤 **09** 结合使用【圆】与【旋转】工具，制作立柱装饰件轮廓，如图 7-62~图 7-64 所示。

图 7-59　绘制立柱角线截面　　　图 7-60　制作角线细节　　　图 7-61　制作侧面角线细节

图 7-62 分割内部圆形

图 7-63 旋转复制弧线段

图 7-64 多重复制弧线段

步骤⑩ 启用【偏移】工具细分装饰件内部结构，然后启用【推/拉】工具制作出厚度细节，如图 7-65~ 图 7-67 所示。

图 7-65 绘制内部圆环截面

图 7-66 偏移复制弧线面

图 7-67 制作装饰件细节

步骤⑪ 打开【组件】面板，导入雕塑模型组件，放置到立柱上方，并进行多重旋转复制，如图 7-68~ 图 7-71 所示。

图 7-68 合并雕塑模型组件

图 7-69 放置雕塑模型

图 7-70 整体旋转复制立柱与雕塑

步骤⑫ 结合使用【圆】与【缩放】等工具，制作出水池中央连接柱，如图 7-72 所示。

图 7-71 进行多重旋转复制

图 7-72 制作连接柱

图 7-73 绘制水盆截面

步骤⑬结合使用【直线】与【圆弧】工具，创建水盆截面，启用【路径跟随】工具制作出水盆轮廓，如图 7-73 与图 7-74 所示。

步骤⑭结合使用【偏移】、【推/拉】以及【直线】工具，制作出水盆细节造型，如图 7-75~图 7-77 所示。

图 7-74　通过路径跟随制作水盆轮廓　　图 7-75　制作水盆边沿细节　　图 7-76　制作水面并细分边缘

步骤⑮打开【材料】面板，分别为水面与结构赋予对应材质，如图 7-78 与图 7-79 所示。

图 7-77　间隔推拉边沿细节　　图 7-78　赋予水面材质　　图 7-79　赋予石头材质

步骤⑯打开【组件】面板，调入水幕模型组件，如图 7-80 所示。调整水幕大小，以匹配喷水池尺寸，如图 7-81 所示。

步骤⑰最终完成的圆形喷水池模型如图 7-82 所示。

图 7-80　调入水幕模型组件　　图 7-81　调整水幕大小　　图 7-82　圆形喷水池最终效果

100 圆形休息廊架

文件路径：配套资源\第 07 章\100	视频文件：视频\第 07 章\100.MP4

本例学习圆形休息廊架模型的制作，主要使用到【圆】、【圆弧】、【推/拉】、【旋转】以及【缩放】等工具。在模型的创建过程中，重点掌握多重旋转复制与缩放工具的使用技巧。

步骤 01 启用【圆】工具，绘制一个直径为 4200mm 的圆形，如图 7-83 所示，然后使用【推/拉】工具制作 150mm 的厚度，如图 7-84 所示。

图 7-83　创建直径为 4200mm 圆形　　　　图 7-84　推拉 150mm 的高度

步骤 02 结合使用【偏移】与【推/拉】工具，制作平台台阶细节，如图 7-85 所示。

步骤 03 结合使用【偏移】与【推/拉】工具，制作内部花坛细节，如图 7-86 所示，然后选择顶部模型面进行缩放，形成倒角效果，如图 7-87 所示。

图 7-85　制作平台台阶细节　　　图 7-86　制作内部花坛细节　　　图 7-87　通过缩放制作倒角效果

步骤 04 结合使用【偏移】与【推/拉】工具，制作花坛内部细节，如图 7-88 所示。

步骤 05 结合使用【圆】与【推/拉】工具，制作圆形石墩轮廓，如图 7-89 与图 7-90 所示。

图 7-88　制作花坛内部细节　　　图 7-89　制作圆形石墩截面　　　图 7-90　推拉复制石墩轮廓

步骤 06 选择石墩顶部模型面，启用【缩放】工具制作出倒角效果，如图 7-91 所示。

步骤 07 结合使用【偏移】与【推/拉】工具，制作支柱轮廓与连接细节，如图 7-92 与图 7-93 所示。

图 7-91　通过缩放制作倒角效果

图 7-92　推拉复制支柱轮廓

图 7-93　推拉复制连接细节

步骤⑧ 结合使用【矩形】与【圆弧】工具，绘制顶棚骨架截面，如图 7-94 所示，然后使用【推/拉】工具制作 150mm 的厚度，如图 7-95 所示。

步骤⑨ 打开【材料】面板，为柱体与骨架赋予木纹材质，如图 7-96 所示，然后将其整体创建为【组】，如图 7-97 所示。

图 7-94　创建顶棚骨架截面

图 7-95　推拉 150mm 厚度

图 7-96　赋予木纹材质

步骤⑩ 选择创建的【组】，通过多重旋转复制，制作另外五处相同模型，如图 7-98 与图 7-99 所示。

图 7-97　创建组

图 7-98　旋转复制

图 7-99　多重旋转复制

步骤⑪ 结合使用【圆弧】与【推/拉】工具，制作柱体之间的休息平台，如图 7-100 所示，然后多重旋转复制，得到其他位置的休息平台，如图 7-101 与图 7-102 所示。

图 7-100　制作休息平台

图 7-101　多重旋转复制休息平台

图 7-102　休息平台完成效果

步骤⑫ 结合使用【圆】、【偏移】以及【推/拉】工具，制作顶部圆形骨架，如图 7-103 所示，然后通过复制与缩放，完成其他骨架，如图 7-104 与图 7-105 所示。

图 7-103 制作顶部圆形骨架　　图 7-104 复制并缩放制作骨架　　图 7-105 顶部骨架完成效果

步骤⑬ 打开【组件】面板，合并花草模型组件，如图 7-106 所示，调整好位置与造型大小，完成最终效果如图 7-107 所示。

图 7-106 通过组件面板合并花草　　　　　图 7-107 圆形休息廊架最终效果

101 游泳池

文件路径：配套资源\第 07 章\101　　　视频文件：视频\第 07 章\101.MP4

本例学习游泳池模型的制作，主要使用到【矩形】、【圆弧】、【圆】、【偏移】以及【推/拉】等工具，在模型的制作过程中，重点掌握逐步细化模型的技巧。

步骤① 启用【矩形】工具，绘制一个辅助矩形，然后将其细化用于捕捉定位，如图 7-108 与图 7-109 所示。

图 7-108 绘制矩形　　　　　　　图 7-109 细分割矩形

步骤02 结合使用【圆弧】与【圆】工具，细分出中心泳池与圆形休息池轮廓，如图 7-110 与图 7-111 所示。

步骤03 结合使用【偏移】、【直线】以及【推/拉】工具，制作游泳池边沿细节，如图 7-112 与图 7-113 所示。

图 7-110 分割中心泳池细节

图 7-111 分割圆形休息池细节

图 7-112 向内偏移复制 10mm

步骤04 启用【推/拉】工具，制作出游泳池深度，向上推拉复制出水面，并赋予池水材质，如图 7-114~图 7-116 所示。

图 7-113 制作边沿细节

图 7-114 向下制作 200c 深度

图 7-115 向上推拉复制出水面

步骤05 隐藏水面模型，使用【圆弧】与【推/拉】工具，制作出池底入水平台，如图 7-117 与图 7-118 所示。

图 7-116 赋予池水材质

图 7-117 细分割游泳池池底

图 7-118 向上推拉创建浅水区

步骤06 结合使用【圆】、【偏移】以及【推/拉】工具，制作游泳池台阶造型，如图 7-119 与图 7-120 所示。

步骤07 结合使用【偏移】、【直线】以及【推/拉】工具，制作出圆形休息池边沿细节，如图 7-121~图 7-124 所示。

图 7-119　分割台阶截面

图 7-120　制作台阶细节

图 7-121　分割圆形休息池边沿

图 7-122　制作边沿细节 1

图 7-123　制作边沿细节 2

图 7-124　制作边沿细节 3

步骤 08 结合使用【偏移】以及【推/拉】工具，制作出圆形休息池池底与水面，然后赋予水面材质，如图 7-125 与图 7-126 所示。

步骤 09 结合使用【偏移】及【推/拉】工具，制作出圆形休息池台阶细节，如图 7-127 所示。

图 7-125　制作圆形休息池深度

图 7-126　制作水面效果

图 7-127　制作圆形休息池台阶

步骤 10 打开【材料】面板，分别赋予池水与平台马赛克与毛石材质，制作完成最终效果，如图 7-128 与图 7-130 所示。

图 7-128　赋予马赛克材质

图 7-129　赋予毛石材质

图 7-130　游泳池最终效果

102 休闲木平台

文件路径: 配套资源\第 07 章\102 　　　视频文件: 视频\第 07 章\102.MP4

本例制作休闲木平台模型, 主要使用到【矩形】、【直线】、【推/拉】以及【卷尺】等工具, 在模型的制作过程中, 重点掌握逐步细化模型的建模技巧。

步骤 01 启用【矩形】命令, 绘制一个 1100cm×720cm 的矩形, 如图 7-131 所示, 在左上角绘制一个边长为 365cm 的正方形分割面, 如图 7-132 所示。

图 7-131　绘制矩形辅助面　　　　　　　图 7-132　绘制正方形分割平面

步骤 02 启用【推/拉】工具, 创建好该处平台轮廓, 如图 7-133 所示, 启用【直线】工具, 分割该处右下角的台阶平面, 如图 7-134 所示。

图 7-133　推拉复制平台轮廓　　　图 7-134　在右下角分割台阶平面　　　图 7-135　复制推拉台阶轮廓

步骤 03 启用【推/拉】工具制作台阶轮廓, 如图 7-135 所示, 然后结合使用【拆分】与【直线】工具, 分割好台阶木板细节, 如图 7-136 与图 7-137 所示。

步骤 04 结合使用【拆分】与【直线】工具, 分割好左上角平台木板细节, 如图 7-138 与图 7-139 所示, 然后通过复制完成整体效果, 如图 7-140 与图 7-141 所示。

步骤 05 结合使用【矩形】与【推/拉】工具, 创建好立柱轮廓与顶部细分面, 如图 7-142 与图 7-143 所示, 结合使用【卷尺】、【直线】以及【推/拉】工具, 创建好柱头细节, 如图 7-144 所示。

步骤 06 将创建柱头细节创建为【组件】, 并选择【任意】粘合, 如图 7-145 与图 7-146 所示, 然后通过多重旋转复制, 快速制作好其他方向的柱头细节, 如图 7-147 所示。

步骤 07 将制作好的立柱创建为【组】, 然后进行移动复制, 如图 7-148 与图 7-149 所示。

步骤 08 结合使用【卷尺】以及【直线】工具, 创建好栏杆轮廓平面, 如图 7-150 所示。

图 7-136　三拆分台阶边线

图 7-137　分割台阶木板细节

图 7-138　拆分平台右边线

图 7-139　创建分割线并移动
复制

图 7-140　多重移动复制分割线

图 7-141　左上角平台初步效果

图 7-142　绘制立柱截面

图 7-143　创建立柱并细分

图 7-144　制作柱头细节

图 7-145　将凹凸细节创建为组件

图 7-146　选择剖切开口参数

图 7-147　旋转复制组件

步骤 09 结合使用【卷尺】、【直线】以及【推/拉】工具，创建好栏杆细节，如图 7-151~图
7-153 所示。

步骤⑩ 通过类似方法，制作该处平台的其他栏杆，如图 7-154 所示。然后制作右侧的平台与栏杆，如图 7-155 与图 7-156 所示。接下来制作平台间的木桥。

图 7-148　移动复制立柱

图 7-149　左上角立柱复制完成效果

图 7-150　创建栏杆轮廓平面

图 7-151　制作栏杆平台

图 7-152　制作栏杆细节

图 7-153　部分栏杆完成效果

图 7-154　左上角平台完成效果

图 7-155　右侧平台完成效果

图 7-156　右侧平台入口细节

步骤⑪ 结合使用【卷尺】、【矩形】以及【翻转方向】等工具创建好台阶线形，如图 7-157~图 7-159 所示。

图 7-157　创建辅助矩形

图 7-158　细分割左侧台阶线形

图 7-159　复制并镜像台阶线形

步骤⑫ 使用【推/拉】工具制作木桥宽度，如图 7-160 所示，然后结合使用【偏移】、【直线】以及【翻转方向】等工具创建好单侧木桥细节，如图 7-161 与图 7-162 所示。

图 7-160　制作木桥宽度　　　　图 7-161　选择边线向内偏移复制　　　　图 7-162　拆分桥面边线

步骤 ⑬ 删除未进行细化的右侧木桥，通过【移动】与【翻转方向】制作好整体效果，如图 7-163~图 7-165 所示。

图 7-163　绘制单侧木板细节　　　　图 7-164　移动复制细节模型　　　　图 7-165　镜像完成整体效果

步骤 ⑭ 通过复制与调整，制作好木桥单侧立柱与栏杆，如图 7-166~图 7-168 所示。

图 7-166　复制并调整立柱　　　　图 7-167　复制并对位栏杆　　　　图 7-168　调整栏杆整体长度

步骤 ⑮ 将制作好的单侧立柱与栏杆复制至对侧，如图 7-169 所示，然后打开【材料】面板，赋予木纹材质，完成最终效果，如图 7-170 与图 7-171 所示。

图 7-169　整体复制栏杆　　　　图 7-170　赋予木纹材质　　　　图 7-171　休闲木平台最终效果

103 欧式凉亭

文件路径：配套资源\第 07 章\103　　　视频文件：视频\第 07 章\103.MP4

本例学习欧式凉亭模型的制作，主要使用到【圆】、【圆弧】、【直线】、【推/拉】以及【路径跟随】等工具。

步骤 01 结合使用【圆】与【推/拉】工具，制作出圆形底部轮廓，如图 7-172 与图 7-173 所示。

图 7-172　绘制圆形　　　　　　　　　　　图 7-173　推拉厚度

步骤 02 结合使用【偏移】与【推/拉】工具，制作出底部边沿细节，如图 7-174 所示。

步骤 03 结合使用【矩形】、【推/拉】以及【偏移】工具，制作石墩轮廓细节，如图 7-175 与图 7-176 所示。

图 7-174　制作底部边沿细节　　　图 7-175　创建矩形　　　图 7-176　制作石柱轮廓

步骤 04 结合使用【偏移】与【推/拉】工具，制作好正面线条细节，然后旋转复制至其他侧面，如图 7-177 与图 7-178 所示。

步骤 05 结合使用【圆弧】与【直线】工具，绘制石墩上部角线截面，然后使用【路径跟随】工具制作出边沿细节，如图 7-179 与图 7-180 所示。

步骤 06 结合使用【直线】与【圆弧】工具，绘制石柱底部角线截面与路径，然后使用【路径跟随】工具制作出三维造型，如图 7-181 与图 7-182 所示。

步骤 07 结合使用【推/拉】、【移动】以及【缩放】工具，制作圆形石柱与顶部角线效果，如图 7-183~图 7-185 所示。

步骤 08 整体选择石墩与石柱，通过多重旋转复制，制作出其它位置的造型，如图 7-186 与图 7-187 所示。

步骤⑨ 启用【圆弧】与【直线】工具，捕捉石墩顶点绘制出休息平台截面，如图 7-188 与图 7-189 所示。

图 7-177　制作侧面线条细节

图 7-178　旋转复制细节面

图 7-179　创建角线截面

图 7-180　制作石墩边沿细节

图 7-181　绘制石柱底部截面

图 7-182　使用路径跟随

图 7-183　制作石柱高度并复制
　　　　　角线

图 7-184　等比缩放顶部圆形

图 7-185　缩放调整角线造型

图 7-186　整体旋转复制立柱

图 7-187　多重旋转复制

图 7-188　捕捉端点绘制弧线

步骤⑩ 结合使用【推/拉】与【偏移】工具，制作出单个休息平台，如图 7-190 与图 7-191 所示。

步骤⑪ 启用【旋转】工具，选择制作好的休息平台进行旋转复制，完成效果如图 7-192 所示。

图 7-189　创建封闭平面　　　　图 7-190　制作边沿细节　　　　图 7-191　单个休息平台完成效果

步骤⑫结合使用【圆】与【偏移】工具，制作出顶部圆环平面，如图 7-193 与图 7-194 所示。

图 7-192　旋转复制休息平台　　　图 7-193　创建顶部圆形截面　　　图 7-194　细分割出顶部圆环

步骤⑬结合使用【偏移】与【推/拉】工具，制作顶部圆环边沿细节，如图 7-195 与图 7-196 所示。

步骤⑭结合使用【直线】、【圆弧】、【圆】以及【偏移】工具，制作出顶部角线细节，如图 7-197 与图 7-198 所示。

图 7-195　制作圆环下部边沿细节　　图 7-196　制作圆环上部边沿细节　　图 7-197　绘制角线截面

步骤⑮结合使用【直线】、【圆弧】、【圆】及【偏移】工具，制作出屋顶模型，如图 7-199 与图 7-200 所示。

图 7-198　路径跟随制作角线　　　图 7-199　绘制屋顶截面　　　图 7-200　通过路径跟随制作屋顶

步骤⑯ 选择整体制作的模型，向上移动复制，然后通过【缩放】工具制作出顶部装饰细节，如图 7-201 所示。

步骤⑰ 打开【材料】面板，赋予整体模型材质，完成最终模型效果，如图 7-202 与图 7-203 所示。

图 7-201 复制并缩放整体模型至屋顶

图 7-202 赋予整体模型材质

图 7-203 欧式凉亭完成效果

104 中式牌坊

文件路径：配套资源\第 07 章\104	视频文件：视频\第 07 章\104.MP4

本例学习中式牌坊的制作，主要使用到【圆】、【圆弧】、【直线】以及【路径跟随】等工具。在模型的制作过程中，应重点掌握双击重复操作以及移动复制的技巧。

步骤① 结合使用【矩形】、【卷尺】及【直线】工具，绘制立柱截面，如图 7-204 与图 7-205 所示。

图 7-204 创建矩形截面

图 7-205 创建边角细节

步骤② 结合使用【推/拉】与【缩放】工具，制作石柱与柱头细节，如图 7-206 与图 7-207 所示。

步骤③ 启用【矩形】工具创建一个辅助矩形，然后进行拆分与细分割，如图 7-208 与图 7-209 所示。

图 7-206 复制推拉出立柱轮廓　图 7-207 缩放制作倒角细节　图 7-208 创建辅助矩形

步骤04 结合使用【圆】与【圆弧】工具，细分出石墩截面线形，然后制作 100mm 厚度，如图 7-210 与图 7-211 所示。

图 7-209 使用拆分命令　　图 7-210 绘制石墩截面　　图 7-211 推拉 100mm 厚度

步骤05 结合使用【偏移】与【推/拉】工具，制作石墩边沿细节，如图 7-212 与图 7-213 所示。

步骤06 结合使用【推/拉】与【缩放】工具，制作中间石鼓倒角效果，如图 7-214 与图 7-215 所示。

图 7-212 向内偏移复制　　图 7-213 向内推拉 5mm 深度　　图 7-214 推拉中部石鼓轮廓

步骤07 结合使用【偏移】与【推/拉】工具制作石鼓边沿细节，如图 7-216 所示。

步骤08 启用【三维文字】工具，制作输入"福"字，然后调整好高度与挤压厚度，如图 7-217 所示。

图 7-215　通过缩放制作倒角细节　　图 7-216　制作石鼓边沿细节　　图 7-217　创建三维文本

步骤⑨ 单击【放置】按钮，旋转文字至石鼓中央，将其与石墩整体创建为【组】，如图 7-218 与图 7-219 所示。

步骤⑩ 整体复制组，然后通过【翻转方向】命令调整好朝向，如图 7-220 所示。

图 7-218　旋转文字　　　　　　图 7-219　将石墩整体创建为组　　　　图 7-220　复制并镜像石墩

步骤⑪ 通过【复制】与【旋转】工具，制作好单边立柱与石墩效果，如图 7-221~图 7-223 所示。

图 7-221　整体复制石墩　　　图 7-222　调整石墩朝向　　　图 7-223　单边立柱与石墩效果

步骤⑫ 启用【移动】工具，选择立柱与石墩，以 1600mm 的距离进行复制，如图 7-224 所示。

步骤⑬ 启用【矩形】工具，在距离石墩 1000mm 处创建一个矩形，然后对其进行细分割，如图 7-225 与图 7-226 所示。

图 7-224　整体复制石柱与石墩　　　图 7-225　创建横梁矩形　　　　图 7-226　细分割矩形

步骤⑭ 启用【圆弧】工具，捕捉分割矩形创建装饰线形，然后复制一份备用，如图 7-227 与图 7-228 所示。

步骤⑮ 结合使用【偏移】与【推/拉】工具，制作装饰构件边沿细节，然后移动复制出对称效果，如图 7-229 ~ 图 7-231 所示。

图 7-227　绘制弧形分割面　　　图 7-228　复制弧形分割面　　　图 7-229　向内以 6mm 偏移复制

步骤⑯ 结合使用【卷尺】与【圆弧】工具，细分割中部矩形，如图 7-232 所示。

图 7-230　制作装饰细节　　　图 7-231　复制出对侧装饰细节　　　图 7-232　细分割中部矩形

步骤⑰ 结合使用【偏移】与【推/拉】工具，制作中部矩形造型细节，完成横梁效果，如图 7-233~图 7-235 所示。

图 7-233　向内偏移复制 10mm　　　图 7-234　向外推拉 10mm 厚度　　　图 7-235　横梁完成效果

步骤⑱ 结合使用【矩形】与【推/拉】工具，制作中部牌匾造型细节，如图 7-236 与图 7-237 所示。

步骤⑲ 选择之前复制备份的截面，使用【推/拉】工具制作顶部的装饰细节，然后复制出对侧效果，如图 7-238 与图 7-239 所示。

图 7-236 创建牌匾矩形

图 7-237 制作牌匾细节

图 7-238 制作顶部的装饰细节

步骤⑳ 选择制作好的顶部装饰件进行复制，调整出上梁的造型效果，如图 7-240~图 7-242 所示。

图 7-239 复制顶部装饰细节

图 7-240 复制并调整上梁模型

图 7-241 调整上梁长度

步骤㉑ 打开【材料】面板，赋予模型石头材质，完成整体效果，如图 7-243 与图 7-244 所示。

图 7-242 牌坊模型完成效果

图 7-243 赋予石头材质

图 7-244 中式牌坊最终效果

第 8 章
SketchUp 插件建模

　　本章将讲解 SketchUp 常用的模型插件的使用方法，使用这些插件，可以快速创建复杂的模型效果，成倍提高工作效率。SketchUp 常用的建模插件有 SUAPP、超级推拉、贝塞尔曲线、超级圆（倒）角、曲面自由分割以及路径变形等。

8.1 SketchUp 中文建筑插件 SUAPP

105 轴网墙体

📧 文件路径: 无	◎ 视频文件: 视频\第08章\105.MP4

通过 SUAPP 扩展程序中的【轴网墙体】菜单，可以快速创建实心墙面，以及常用的立柱、圆柱、网格等模型，本例主要讲解【绘制墙体】与【线转墙体】两个命令的使用。

步骤 ①1 执行【扩展程序】\【轴网墙体】\【绘制墙体】菜单命令，如图 8-1 所示，弹出【参数设置】面板，在其中设置好墙体宽度与高度，如图 8-2 所示。

步骤 ②2 单击【确定】按钮关闭【参数设置】面板，在【绘图区】单击并拖动鼠标确定墙体长度，如图 8-3 所示。

图 8-1　选择【绘制墙体】命令　　图 8-2　参数设置面板　　图 8-3　确定墙体长度

步骤 ③3 松开鼠标自动生成对应墙体，如图 8-4 所示。

步骤 ④4 在【绘图区】根据墙体走向绘制线段，执行【扩展程序】\【轴网墙体】\【线转墙体】菜单命令，如图 8-5 所示。

步骤 ⑤5 在弹出的面板中设置相关参数，如图 8-6 所示，单击【确定】按钮，即可在绘图区生成对应墙体，如图 8-7 所示。

图 8-4　自动生成墙体　　图 8-5　执行【线转墙体】命令　　图 8-6　设置参数设置面板

步骤 ⑥6 使用【轴网墙体】子菜单，还可以创建立柱、圆柱、托梁等构件，以及轴网等辅助对象，如图 8-8 与图 8-9 所示。

图 8-7　生成墙体　　　　图 8-8　创建立柱、圆柱、托梁等构件　　　　图 8-9　创建轴网

106　门窗构件

✉ 文件路径:、无	◎ 视频文件: 视频\第 08 章\106.MP4

通过 SUAPP 扩展程序中的【门窗构件】菜单，可以快速创建门窗以及普通的玻璃幕墙结构模型，本例主要讲解【墙体开门】命令的使用。

步骤 01 执行【扩展程序】\【门窗构件】\【墙体开门】菜单命令，如图 8-10 所示，弹出【参数设置】面板，如图 8-11 所示，在墙体的目标位置单击，生成门模型，如图 8-12 所示。

图 8-10　创建墙体并　　　　图 8-11　参数设置面板　　　　图 8-12　生成门模型
选择墙体开门

步骤 02 门模型创建后，删除多余墙体模型面，即可开出门洞，如图 8-13 所示。通过该种方法，还可以快速制作窗户模型，如 图 8-14 所示。

步骤 03 通过【门窗构件】菜单中的命令，还可快速制作玻璃幕墙等模型，如图 8-15 所示。

图 8-13　删除多余模型面形成门洞　　　　图 8-14　墙体开窗效果　　　　图 8-15　玻璃幕墙效果

107 建筑设施

✉ 文件路径：无	◎ 视频文件：视频\第 08 章\107.MP4

通过 SUAPP 插件中的【建筑设施】菜单，可以快速线转栏杆及各种楼梯模型，本例主要讲解【线转栏杆】与【双跑楼梯】命令的使用。

步骤 ①1 在绘图区创建一条线段，执行【扩展程序】\【建筑设施】\【线转栏杆】菜单命令，如图 8-16 所示。

步骤 ②2 弹出【参数设置】面板，如图 8-17 所示，设置相关参数，单击【确定】按钮即可生成对应栏杆模型，如图 8-18 所示。

图 8-16 选择【线转栏杆】命令 　图 8-17　调整参数设置面板 　　　图 8-18　生成栏杆模型

步骤 ③3 执行【扩展程序】\【建筑设施】\【双跑楼梯】菜单命令，如图 8-19 所示，在弹出的【参数设置】面板中设置相关参数。

步骤 ④4 单击【参数设置】面板【确定】按钮，即可生成楼梯，如图 8-20 所示。

步骤 ⑤5 通过【建筑设施】菜单内的命令，还可制作出其他常用楼梯类型，如图 8-21 所示。

图 8-19 选择创建双跑楼梯 　　图 8-20　双跑楼梯生成效果 　　图 8-21　其他常用楼梯模型

108 房间屋顶

✉ 文件路径：无	◎ 视频文件：视频\第 08 章\108.MP4

通过 SUAPP 插件中的【房间屋顶】菜单，可以快速创建各种常用柜子模型以及屋顶结构，本例主要讲解【房间布置】中【厨柜】命令的使用。

步骤 ① 打开【扩展程序】\【房间屋顶】\【房间布置】子菜单，可以发现其有【厨柜】、【地柜】以及【吊柜】三个命令，如图 8-22 所示。

步骤 ② 选择其中的【厨柜】命令，弹出对应的参数面板，如图 8-23 所示，设置参数后单击【确定】按钮，即可生成相应的厨柜模型，如图 8-24 所示。

图 8-22 【房间布置】子菜单　　图 8-23 进入橱柜/柜门/台面参数　　图 8-24 生成橱柜模型

步骤 ③ 若选择【地柜】和【吊柜】命令，执行类似的操作，即可生成对应的三维模型，如图 8-25 所示。

步骤 ④ 此外，通过【生成屋顶】子菜单其他命令，如图 8-26 所示，可以快速生成各种屋顶，如图 8-27 所示。

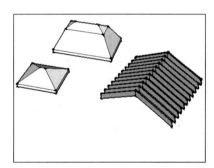

图 8-25 生成地柜与吊　　图 8-26 【生成屋顶】子菜单　　图 8-27 各类型屋顶生成效果
　　　　柜模型

109 文字标注

文件路径: 无   视频文件: 视频\第 08 章\109.MP4

通过 SUAPP 插件中的【文字标注】菜单，可以进行角度等标注及文本的导入，本例主要讲解【导入文本】命令的使用。

步骤 01 打开【扩展程序】\【文字标注】子菜单，如图 8-28 所示，选择其下的【高度标注】\【角度标注】命令，可以完成模型对角相关数据的标识，如图 8-29 所示。

图 8-28 【文字标注】子菜单   图 8-29 角度与高度标注效果

步骤 02 【文字标注】子菜单中另一个比较实用的命令为【导入文字】，执行该命令后，选择已经编辑好的 TXT 文件，可以快速导入大量文字叙述，如图 8-30~图 8-32 所示。

图 8-30 选择导入文本命令   图 8-31 选择目标导入文本   图 8-32 文本导入效果

110 线面工具

文件路径: 无   视频文件: 视频\第 08 章\110.MP4

通过 SUAPP 插件的【线面工具】菜单，可以进行线条的修复、焊接以及简单的圆角、曲线的制作，本例主要讲解【修复直线】命令的使用。

步骤 01 在 SketchUp 中，由于截面线条断线会拉伸出现多余线条，如图 8-33 所示。

步骤 02 此时选择断线对象，执行【扩展程序】\【线面工具】\【修复直线】菜单命令，可以进行修复，如图 8-34~图 8-36 所示。

| 图 8-33　断线拉伸形成的多余线段 | 图 8-34　选择修复直线命令 | 图 8-35　显示修复线条数量 |

步骤 03 通过【线面工具】中的菜单命令，还可以制作简单的圆角、倒角效果以及贝塞尔与螺旋曲线，如图 8-37 与图 8-38 所示。

| 图 8-36　修复后拉伸效果 | 图 8-37　简单的圆角与倒角效果 | 图 8-38　简单的贝兹曲线与螺旋线 |

111 辅助工具

| 📁 文件路径: 无 | ◎ 视频文件: 视频\第 08 章\111.MP4 |

通过 SUAPP 插件中的【辅助工具】菜单，可以进行镜像、阵列以及其他复杂的复制操作，本例主要讲解【镜像物体】与【多重复制】命令的使用。

步骤 01 选择需要镜像的对象，执行【扩展程序】\【辅助工具】\【镜像物体】菜单命令，如图 8-39 所示。

步骤 02 通过单击确定两点构成镜像轴线，然后单击【确定】即可完成镜像，如图 8-40 与图 8-41 所示。

| 图 8-39　选择镜像命令 | 图 8-40　指定镜像轴 | 图 8-41　确定镜像效果 |

步骤 03 选择目标对象，执行【扩展程序】\【辅助工具】\【多重复制】菜单命令，可以快速完成对象的多重复制，如图 8-42~图 8-44 所示。

图 8-42　选择多重复制命令　　　图 8-43　多重复制参数设置面板　　　图 8-44　多重复制完成效果

112 图层群组

文件路径：无	视频文件：视频\第 08 章\112.MP4

　　通过 SUAPP 插件的【图层群组】菜单，可以进行图层、群组以及材质方面的管理，本例主要讲解【隐藏选中图层】与【自动分层】命令的使用。

步骤 01 打开【扩展程序】\【图层群组】子菜单，可以发现其中包含了诸多图层管理命令，如图 8-45 所示。接下来主要讲解【隐藏选中图层】命令的使用。

步骤 02 在场景中选择目标图层中任意一个模型对象，执行【扩展程序】\【图层群组】\【隐藏选中图层】命令，即可快速将该图层所有对象隐藏，如图 8-46 与图 8-47 所示。

图 8-45　图层群组子菜单与命令　　　图 8-46　选择灌木执行隐藏选中图层　　　图 8-47　所在图层物体全部隐藏

步骤 03 此外，当场景中存在标注、文字、剖切线等对象时，全选模型执行【扩展程序】\【图层群组】\【自动分层】菜单命令，可以自动将其分组，如图 8-48~图 8-50 所示。

图 8-48　选择模型进行自动分层　　　图 8-49　弹出自动分层对象过滤面板　　　图 8-50　自动分层完成效果

113 三维体量

文件路径: 无　　　　　　　　　　视频文件: 视频\第 08 章\113.MP4

通过 SUAPP 插件的【三维体量】菜单,可以快速绘制常见的立方体、圆柱体、球体几何体以及房屋简模,此外还能制作网格、地形等高线等常用物体,本例主要讲解【绘几何体】命令的使用。

步骤 01 执行【扩展程序】\【三维体量】\【绘几何体】\【立方体】菜单命令,如图 8-51 所示,在弹出的面板中设置参数,如图 8-52 所示,单击【确定】按钮,即可生成对应参数的立方体,如图 8-53 所示。

图 8-51　三维体量子菜单　　图 8-52　设置长方体创建参数　　图 8-53　立方体创建完成效果

步骤 02 执行【扩展程序】\【三维体量】\【绘几何体】子菜单其他命令,还可以生成圆环、半球、圆柱等常用几何体,如图 8-54 所示。

步骤 03 执行【扩展程序】\【三维体量】子菜单其他命令,还可以快速绘制网格及创建等高线等对象,如图 8-55 与图 8-56 所示。

图 8-54　常用几何体创建效果　　图 8-55　网格与三维网格　　图 8-56　通过模型创建等高线

114 渲染动画

文件路径: 无　　　　　　　　　　视频文件: 视频\第 08 章\114.MP4

通过 SUAPP 插件的【渲染动画】菜单，可以快速查看并调整当前相机参数和设置材质，本例主要讲解【相机参数】与【去除材质】命令的使用。

步骤 01 执行【扩展程序】\【渲染动画】\【相机参数】菜单命令，如图 8-57 所示，在弹出的面板中可以快速查看及修改当前相机位置、角度等数据，如图 8-58 所示。

图 8-57 选择相机参数命令

图 8-58 相机参数设置面板

步骤 02 选择已经赋予材质的模型对象，执行【扩展程序】\【渲染动画】\【去除材质】菜单命令，可以将模型还原成白模，如图 8-59~图 8-61 所示。

图 8-59 模型材质效果

图 8-60 选择去除材质命令

图 8-61 空白模型效果

8.2 SketchUp 其他常用插件

115 超级推拉

文件路径: 无	视频文件: 视频\第 08 章\115.MP4

通过【超级推拉】插件，可以弥补 SketchUp 默认【推/拉】工具的诸多限制，轻松实现多面同时推拉、任意方向推拉等操作，在此介绍常用的几种超级推拉工具。

1. 联合推拉

步骤 01 成功安装超级推拉插件后，执行【视图】/【工具栏】命令，调出其工具栏，如图 8-62 所示，单击相应工具按钮，即可完成各种推拉操作。

步骤 02 SketchUp 默认的【推/拉】工具每次只能进行单面推拉，如图 8-63 所示，在曲面上分多次推拉相邻的面，则会由于保持法线方向而形成分叉的效果，如图 8-64 所示。

步骤 03 使用【联合推拉】工具，可以同时选择相邻以及间隔面进行推拉，同时相邻面将产生合并的推拉效果，如图 8-65~图 8-68 所示。

图 8-62　超级推拉工具栏

图 8-63　默认推拉只可进行单面推拉　　图 8-64　相邻面默认推拉效果　　图 8-65　同时选择相邻面

图 8-66　执行联合推拉　　　　图 8-67　同时选择相邻及间隔面　　　　图 8-68　执行联合推拉

步骤 04 进行【联合推拉】时想重新推拉可以单击鼠标右键，取消操作并退出，如图 8-69 所示，可在绘图区上方设置相应的参数，如图 8-70 所示。确定后的推拉效果如　图 8-71 所示。

图 8-69　单击右键弹出快捷菜单　　图 8-70　联合推拉参数设置　　图 8-71　联合推拉完成效果

2. 矢量推拉

步骤 01 默认【推/拉】工具只能选择单个平面在法线方向上进行延伸，如图 8-72 所示。

步骤 02 选择多个平面，启用【矢量推拉】工具则可进行任意方向的推拉，如图 8-73 与图 8-75 所示。

步骤 03 可在绘图区上方设置相应的参数，完成效果如图 8-76 与图 8-77 所示。

图 8-72　默认推拉效果

图 8-73　选择多面进行矢量推拉

图 8-74　上下进行推拉效果

图 8-75　左右进行推拉效果

图 8-76　矢量推拉参数设置面板

图 8-77　矢量推拉完成效果

3.　法线推拉

步骤 ①　默认的【推/拉】工具向前推拉时，是沿法线方向进行单面延伸，如图 8-78 所示。

步骤 ②　启用【法线推拉】工具，可以同时对多个面进行法线方向的延伸，如图 8-79 与图 8-80所示。

图 8-78　默认推拉多次效果

图 8-79　选择多面执行法线推拉

图 8-80　多面法线推拉完成效果

步骤 ③　SketchUP 默认【推/拉】工具向后推拉时，为沿法线方向进行推空效果，如图 8-81所示。

步骤 ④　启用【法线推拉】工具向后推拉，将不产生推空效果，而产生反向的延长效果，如图 8-82 与图 8-83 所示。

图 8-81　默认向内推拉效果　　　　图 8-82　法线推拉向内推拉　　　　图 8-83　法线向内推拉完成效果

116 超级贝兹曲线

✉ 文件路径：无	◎ 视频文件：视频\第 08 章\116.MP4

使用【超级贝兹曲线】插件，可以绘制多种曲线以及多段线效果，加强 SketchUp 曲线造型的绘制能力。

1. 贝塞尔曲线

步骤 01 成功安装超级贝兹曲线插件后，执行【视图】/【工具栏】菜单命令，调出其工具栏如图 8-84 所示。

步骤 02　单击【贝塞尔曲线】按钮，在绘图区单击选定曲线端点与终点，如图 8-85 所示。

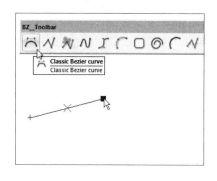

图 8-84　超级贝兹曲线工具栏　　　　　　　图 8-85　绘制贝塞尔曲线端点与终点

步骤 03 鼠标拖动控制点，调整曲线的弯曲效果，然后单击鼠标右键，选择【完成并退出】，如图 8-86 与图 8-87 所示。

→提示

在贝塞尔曲线的创建过程中，通过输入分段数可以控制曲线的光滑度，如图 8-88~图 8-90 所示。

2. 多段线

步骤 01 启动【多段线】工具，单击鼠标指定多段线起点，如图 8-91 所示。

步骤 02 继续创建其他顶点，形成转折的线段效果，然后单击鼠标右键，选择【直线闭合】

命令，如图 8-92 所示，形成多段线封闭平面，如图 8-93 所示。

图 8-86　通过控制点调整曲线弧度

图 8-87　右击弹出快捷菜单

图 8-88　输入分段数目

图 8-89　创建完成曲线

图 8-90　曲线细节对比

图 8-91　绘制多段线

图 8-92　通过右键菜单闭合图形

图 8-93　多段线平面完成效果

提示

区别于 SketchUp 直接创建的矩形，通过多段线形成的矩形可以使用超级贝兹曲线编辑造型，详细内容可参考本例"编辑模式"一节中相关内容。

3.　B 样条曲线

步骤 01　单击【B 样条曲线】按钮，弹出相关参数面板，用于设定锚点距离，通常保持默认即可，如图 8-94 所示。

步骤 02　单击鼠标创建起点，然后经过多次单击确定基本形状，并通过控制点调整细节造型，如图 8-95 所示。

步骤 03　确认效果后，通过鼠标右键菜单完成绘制，如图 8-96 所示。

图 8-94　单击 B 样条曲线按钮　　图 8-95　确定控制点调整曲线造型　　图 8-96　绘制完成效果

4.　光滑样条曲线

步骤 01　单击【光滑样条曲线】按钮，单击鼠标确定起点，如图 8-97 所示。

步骤 02　根据绘制需要，在空间任意处单击鼠标，绘制出对应的曲线造型，如图 8-98 所示。

步骤 03　确定效果后，通过右键菜单结束绘制，将视图调整到侧视图，即可发现空间三维曲线与二维曲线的不同，如图 8-99 所示。

图 8-97　单击光滑样条曲线按钮　　图 8-98　在空间绘制曲线　　图 8-99　光滑样条曲线完成效果

——→提示

【光滑样条曲线】可以绘制三维空间内的曲线效果，为了对比，已经在场景内绘制一条【贝塞尔曲线】。

5.　编辑模式

步骤 01　创建一个由多段线组成的矩形平面，单击【编辑】按钮进入编辑模式，如图 8-100 所示。

步骤 02　在目标位置双击后拖动形成的调整点即可调整造型，如图 8-101 与图 8-102 所示。

步骤 03　对于曲线线条，进入编辑模式后可以通过已有的控制点调整造型，如图 8-103~图 8-105 所示。

6.　标记顶点

步骤 01　选择曲线进入编辑模式，如图 8-106 所示，单击【标记顶点】按钮，如图 8-107 所示，可以查看当前线段的顶点数目。

步骤 02　通常可以据此判断曲线的光滑度，如图 8-108 所示。

图 8-100　选择多段线单击编辑按钮

图 8-101　拖动控制点调整造型

图 8-102　多段线调整完成效果

图 8-103　B 样条曲线编辑

图 8-104　通过控制点调整曲
　　　　　线造型

图 8-105　曲线造型调整完成效果

图 8-106　选择曲线进入编辑模式

图 8-107　单击标记顶点按钮

图 8-108　分段数较低的顶
　　　　　点显示

117 超级圆（倒）角工具

文件路径：无	视频文件：视频\第 08 章\117.MP4

　　使用【超级圆（倒）角】插件，可以快速制作十分精细的圆（倒）角效果，从而加强模型细节的表现。

1. 3D 圆角

步骤 01　成功安装超级圆（倒）角插件后，执行【视图】/【工具栏】菜单命令，调出其工具栏如图 8-109 所示。

步骤 02 结合使用【矩形】与【推/拉】工具，在场景中创建一个长方体，如图 8-110 所示。

步骤 03 单击【3D 圆角】按钮，如图 8-111 所示，选择长方体顶面，周边出现红色的圆角范围提示框，如图 8-112 所示。

步骤 04 参考范围框，在【数值输入框】内输入圆角半径数值、然后连续两次按下回车键，即可完成顶面的倒角，如图 8-113~图 8-115 所示。

图 8-109 超级圆（倒）角工具栏

图 8-110 创建长方体

图 8-111 单击 3D 圆角工具按钮

图 8-112 圆角范围提示

图 8-113 调整圆角半径

图 8-114 调整半径后的圆角范围提示

图 8-115 顶 3D 圆角完成效果

→ 提示

【3D 圆角】将一次性完成选择面相关的所有线段圆角，如果要单独对某些线段进行圆角，则需要使用到【3D 尖角】工具。

2. 3D 尖角

步骤 01 单击【3D 尖角】按钮，选择单击选择目标线段，参考提示范围，在【数值】输入框内输入圆角半径，连续两次按下 Enter 键，即可完成圆角效果，如图 8-116~图 8-118 所示。

步骤 02 除了连续线段外，该工具还可以对间隔、连续转折等线段进行自由的倒角效果，如图 8-119~图 8-121 所示。

3. 斜切边线和转角

步骤 01 单击【斜切边线和转角】按钮，选择单击选择目标线段，参考提示范围，在【数值】输入框内输入倒角半径，连续两次按下 Enter 键，即可完成倒角效果，如图 8-122~图 8-124 所示。

图 8-116　单击 3D 尖角按钮　　图 8-117　选择目标圆角线段　　图 8-118　确认进行尖角

图 8-119　间隔线段尖角效果　　图 8-120　连续转折 3D 尖角效果　　图 8-121　所有线段尖角效果

图 8-122　单击斜切边线和转角　　图 8-123　选择倒角目标线段　　图 8-124　目标线段倒角完成效果
　　　　　按钮

→技巧

在使用【3D 圆角】以及【3D 尖角】工具时，如果降低分段数至 1，同样可以得到倒角效果，如图 8-125~图 8-127 所示。

图 8-125　单击 3D 圆角按钮　　图 8-126　调整圆角效果数至 1　　图 8-127　通过圆角形成斜切边线
和转角效果

118　曲面自由编辑工具

文件路径: 无	视频文件: 视频\第 08 章\118.MP4

通过【曲面自由分割】插件，可以自由地在曲面上进行任意形状的细分割，并能进行偏移复制、轮廓调整等编辑，极大地加强了 SketchUp 在曲面上的细化与编辑能力。

1.　显示工具栏

步骤 01 安装曲面自由分割插件后，勾选【系统设置】中【扩展】选项卡 "Tools on surface" 复选框，激活对应工具栏，然后执行【窗口】/【工具栏】命令，如图 8-128 与图 8-129 所示。

图 8-128　执行【系统设置】命令　　　　　　图 8-129　执行【工具栏】命令

步骤 02 激活完成后，调出工具栏如图 8-130 所示。

图 8-130　曲面自由分割工具栏

2.　曲面画线

步骤 01 结合使用【圆柱】与【推/拉】工具，在场景中绘制一个圆柱体，如图 8-131 所示。
单击曲面画线按钮，在圆柱曲面上通过确定表面上的两点，任意绘制线段，如图

8-132 与图 8-133 所示。

图 8-131 　创建圆柱体　　　　图 8-132 　单击曲面画线按钮　　　图 8-133 　绘制曲面上任意线段

3. 曲面常用二维图形

步骤 01 曲面分割工具中包括矩形、圆形、多边形、椭圆、平行四边形以及圆弧 6 种常用的工具，这里以矩形分割为例进行说明。

步骤 02 单击曲面矩形分割按钮，在曲面上拖动创建角点，即可完成对应分割，如图 8-134～图 8-136 所示。

图 8-134 　单击曲面矩形按钮　　　图 8-135 　在曲面上绘制矩形　　　图 8-136 　矩形绘制完成效果

步骤 03 单击其他曲面二维图形工具，通过相同的操作过程，可以十分方便地在曲面上绘制对应的分割面，如图 8-137～图 8-141 所示。

图 8-137 　曲面圆形绘制效果　　　图 8-138 　曲面多边形绘制效果　　　图 8-139 　曲面椭圆绘制效果

步骤 04 曲面圆形（3 点）。常规的曲面圆形工具通过圆心与直径创建，创建的灵活度不高，单击曲面三点画面按钮，可以通过三点的定位，自由绘制出表面的圆形分割面，如图 8-142～图 8-144 所示。

步骤 05 曲面扇形。单击曲面扇形按钮，在曲面上单击确定圆心后拖动鼠标，即可创建任意弧度的扇形区域分割面，如图 8-145~图 8-147 所示。

图 8-140　曲面平行四边形绘制效果　　　　图 8-141　曲面圆弧绘制效果

图 8-142　单击圆形（3 点）按钮　　图 8-143　单击绘制圆形　　图 8-144　曲面圆形（3 点）绘制完成

图 8-145　单击曲面扇形按钮　　图 8-146　通过鼠标调整扇形大小　　图 8-147　曲面扇形绘制完成

步骤 06 曲面偏移。当曲面上存在线段或分割面时，单击曲面偏移按钮，选择对应的线段或分割面，即可自由进行偏移操作，如图 8-148~图 8-150 所示。

图 8-148　单击曲面偏移按钮　　图 8-149　选择曲面分割面进行　　图 8-150　曲面偏移完成效果
偏移

步骤 07 曲面徒手线。单击曲面徒手线按钮，按住鼠标左键在曲面上任意拖动，即可创建徒手线并最终形成异形分割效果，如图 8-151~图 8-153 所示。

图 8-151　单击曲面徒手线按钮　　图 8-152　拖动鼠标绘制徒手线　　图 8-153　曲面徒手线完成效果

步骤 08 曲面轮廓调整。当曲面上存在线段或分割面时，单击曲面轮廓调整工具，选择对象即可通过控制点调整其造型，如图 8-154~图 8-156 所示。

图 8-154　单击曲面轮廓调整按钮　　图 8-155　选择曲面分割线段　　图 8-156　曲面轮廓调整完成效果

步骤 09 曲面线段删除。当曲面上存在线段或分割面时，选择曲面线段删除工具，单击目标对象即可将其删除，如图 8-157~图 8-159 所示。

图 8-157　单击曲面线段删除按钮　　图 8-158　单击线段进行删除　　图 8-159　曲面线段删除效果

119 路径变形工具

📧 文件路径：无	◎ 视频文件：视频\第 08 章\119.MP4

通过【路径变形工具】插件，可以快速实现文字，几何体等模型的造形改变。

步骤 01 成功安装路径变形插件后，视图中会显示出路径变形工具栏。

步骤 02 单击【三维文字】工具，进入相关面板输入一行文字，如图 8-160 所示。

步骤 03 单击【放置三维文本】面板中的【放置】按钮，在视图中单击鼠标，创建文字，如图 8-161 所示。

步骤 04 启用【直线】与【圆弧】工具，绘制线段与圆弧，如图 8-162 所示。

步骤 05 选择创建的文字，单击【路径变形】工具选择直线，如图 8-163 所示，确定在两端面出现 "Start" 与 "End"。

步骤 06 选择创建好的弧形确定进行变形，稍等片刻后即能自动生成对应的变形效果，如图 8-164 与图 8-165 所示。

图 8-160 输入三维文本

图 8-161 放置三维文本

图 8-162 绘制线段与圆弧

图 8-163 首先选择线段激活

图 8-164 再选择弧形进行变形

图 8-165 文字路径变形完成效果

第 9 章
SketchUp/V–Ray 灯光与阴影

本章首先介绍 SketchUp 自身灯光与阴影的调整与控制方法,然后介绍 V-Ray 渲染器简单的参数设置与相关灯光的使用方法。

9.1 SketchUp 灯光与阴影

120 设置地理参照

文件路径: 素材\第 09 章\120	视频文件: 视频\第 09 章\120.MP4

在 SketchUp 中根据模型的位置，准确定位地理参照后，再通过时间的调整，可以模拟出十分准确的阳光光影效果，本例学习设置地理参照的方法。

步骤01 打开配套资源"第 09 章|120 SketchUp 灯光与阴影.skp"模型，如图 9-1 所示。执行【窗口】/【模型信息】菜单命令，打开【模型信息】面板。

步骤02 选择【地理位置】选项卡，可以看到当前场景并没有进行地理参照位置定位，如图 9-2 所示。

图 9-1　打开场景模型　　　　　　　　　　图 9-2　模型信息面板

→提示

　　如果从 Google 模型库中下载一些标志性建筑模型，进入【地理位置】选项卡，通常都可以看到十分精确的地理位置信息，如图 9-3 所示。

步骤03 对于未曾进行地理定位的模型，如果直接单击【地理位置】选项卡【添加更多图像】按钮，将出现世界地图用于定位，这种方式通常不太适用，如图 9-4 所示。

图 9-3　标志性建筑的地理位置信息　　　　图 9-4　通过地图进行位置添加

步骤 ④ 在实际工作中，通常单击【高级设置】参数栏【手动设置位置】按钮，如图 9-5 所示，在弹出的【手动设置地理位置】面板中手动输入经度、纬度坐标，如图 9-6 所示。

图 9-5 单击自定义位置按钮   图 9-6 手动设置地理位置面板

步骤 ⑤ 这里以北京市为参考，在【纬度】、【经度】框中输入对应坐标值，如图 9-7 与图 9-8 所示。

步骤 ⑥ 输入完成后，单击【确定】按钮退出，即可发现阴影效果得到了校正，如图 9-9 所示。

图 9-7 输入北京所在经度、纬度   图 9-8 地理参照添加成功   图 9-9 地理参照添加后的阴影变化

→ 提 示

　　经度、纬度不但要输入准确的数值，还要以准确的后缀字母表明处于南北半球以及东经度、西经度，其中 N 代表北半球，S 代表南半球，W 代表西经、E 代表东经。在有了精确的经度、纬度后，【手动设置地理位置】面板的【国家】与【位置】可以不予设置。

121 阴影工具栏

文件路径：素材\第 09 章\121	视频文件：视频\第 09 章\121.MP4

　　通过 SketchUp 阴影工具栏，可以对时区、日期、时间等参数进行十分细致的调整，从而模拟出十分精确的阳光光影效果。

步骤 ① 执行【视图】/【工具栏】菜单命令，在弹出的工具栏选项板中调出【阴影】工具栏，如图 9-10 所示，【阴影】工具栏中各个按钮功能如图 9-11 所示。

步骤 02 展开【默认面板】中的【阴影】设置面板，从中可以对时间以及日期等参数进行调整，如图 9-12 所示。

图 9-10　工具栏选项面板　　　　图 9-11　阴影工具栏功能　　　　图 9-12　阴影设置面板

步骤 03 以 UTC 参照标准，北京时间先于 UTC8 个小时，在 SketchUp 中对应调整其为 UTC+8:00，如图 9-13 所示。

图 9-13　调整 UTC 时间　　　　图 9-14　早上 7：30 的阴影　　　　图 9-15　中午 12：30 的阴影

→ 提示

　　UTC 是协调世界时(Universal Time Coordinated)英文缩写。UTC 以本初子午线(即经度 0 度)上的平均太阳时为统一参考标准，各个地区根据所处的经度差异进行调整以设置本地时间。在中国统一使用北京时间（东八区）为本地时间，因此这里设定为 UTC+8：00。

步骤 04 设置 UTC 时间后，拖动【阴影设置】面板中的【时间】滑块，即可产生不同的阴影效果，如图 9-14～图 9-16 所示。

→ 提示

　　在【地理参照】中设置准确的经纬度后，必须设置对应的 UTC 时间，调整【时间】滑块才能产生正确的阴影效果。通常将时间调整至 12 点整，然后通过观察阴影是否位于模型正下方进行判断。

步骤 05 在保持【时间】参数恒定的前提下，拖动【日期】滑块也能产生阴影效果细节的变化，如图 9-17～图 9-19 所示。

步骤 06 在其他参数相同的前提下，调整【亮】参数的滑块，可以对场景整体的亮度进行调整，数值越小场景整体越暗，如图 9-20～图 9-22 所示。

步骤 07 在其他参数相同的前提下，调整【暗】参数的滑块，可以对场景阴影的亮度进行调整，数值越小阴影越暗，如图 9-23～图 9-25 所示。

图 9-16　下午 17：30 的阴影

图 9-17　2 月 21 日的阴影

图 9-18　6 月 21 日的阴影

图 9-19　12 月 21 日的阴影

图 9-20　亮为 10 的场景亮度

图 9-21　亮为 50 的场景亮度

图 9-22　亮为 90 的场景亮度

图 9-23　暗为 10 时的对比度

图 9-24　暗为 50 时的对比度

图 9-25　暗为 90 时的对比度

图 9-26　默认的阴影效果

步骤 08 通过【显示】参数下的【在平面上】以及【在地面上】参数，可以控制模型表面与地面是否接收阴影，如图 9-26~图 9-28 所示。

图 9-27　取消在平面上后的阴影效果　　　　图 9-28　取消在地面上后的阴影效果

步骤 ⑨ 此外，默认设置下单独的线段也能产生影响，取消【起始边线】复选框的勾选，将隐藏其产生的阴影，如图 9-29 与图 9-30 所示。

图 9-29　默认起始边线产生的阴影　　　　图 9-30　取消起始边线参数后不可产生阴影

步骤 ⑩ 阴影显示切换。单击【阴影】工具栏【显示/隐藏阴影】按钮，可以快速切换场景阴影的显示与隐藏，如图 9-31~图 9-33 所示。

图 9-31　默认为显示阴影　　　图 9-32　单击按钮隐藏阴影　　　图 9-33　再次单击恢复阴影

步骤 ⑪ 日期与时间。【阴影】工具栏中的【日期】与【时间】滑块与【阴影对话框】中的同名滑块功能一致，如图 9-34~图 9-36 所示，通过工具滑块进行调整更为方便、快捷。

图 9-34　日期与时间调整滑块　　　图 9-35　调整日期后的阴影效果　　　图 9-36　调整时间后的阴影效果

122　物体的投影与受影

文件路径：素材\第 09 章\122　　　　视频文件：视频\第 09 章\122.MP4

在 SketchUp 中，有时为了美化图像，保持整洁感与鲜明的明暗对比效果，可以人为地取消一些附属模型的投影与受影。

步骤 01　选择计时器模型，通过右键菜单进入【图元信息】面板，取消其【投射阴影】复选框勾选，可以使其失去投影能力，如图 9-37～图 9-39 所示。

图 9-37　默认阴影效果　　　　图 9-38　选择图元信息命令　　　　图 9-39　取消投影后的效果

步骤 02　选择路基模型，通过右键菜单进入【图元信息】面板，取消其【接收阴影】复选框勾选，可以使其失去接受阴影的能力，如图 9-40～图 9-42 所示。

图 9-40　默认阴影效果　　　　图 9-41　选择图元信息命令　　　　图 9-42　取消受影后的效果

9.2 V-Ray 灯光与阴影

123 设置 V-Ray 渲染场景

文件路径：素材\第 09 章\123　　　视频文件：视频\第 09 章\123.MP4

　　V-Ray 渲染器是一款强大的间接光照渲染软件，在利用其进行渲染前，需要对参数进行一定的调整，本例简单介绍相关的操作流程。

步骤 01 成功安装 V-Ray 渲染器后，打开配套资源 "第 09 章|123 设置 V-Ray 渲染场景.skp" 场景，然后对场景进行全景观察，如图 9-43 与图 9-44 所示。

步骤 02 执行【视图】/【工具栏】菜单命令，在弹出的工具栏选项板中调出 V-Ray 主工具栏，如图 9-45 所示。

图 9-43　打开 V-Ray 灯光阴影
　　　　　场景

图 9-44　观察场景效果

图 9-45　弹出 V-Ray 主工具栏

→技巧

　　由于 V-Ray 渲染器是一款全局光渲染软件，在灯光的测试中，为了模拟出室内光线反弹的效果，因此这里制作了一个 U 形的渲染场景，如图 9-44 所示。

步骤 03 单击 V-Ray 主工具栏打开【V-Ray2.0 渲染设置面板】按钮，弹出【V-Ray 渲染设置面板】，如图 9-46 与图 9-47 所示。

步骤 04 单击进入【输出】选项卡，设置渲染输出图像的长、宽等数值，如图 9-48 所示。

图 9-46　单击渲染设置按钮

图 9-47　进入渲染设置面板

图 9-48　设置渲染尺寸

步骤 (05) 单击进入【发光贴图】选项卡，设置【最大比率】与【半球细分】数值，如图 9-49 所示。

步骤 (06) 单击进入【灯光缓存】选项卡，设置【细分】数值，如图 9-50 所示

步骤 (07) 参数设置完成之后，单击【开始渲染】按钮进行渲染，即可得到默认灯光下的场景效果，如图 9-51 所示。

图 9-49　设置发光贴图参数　　　图 9-50　设置灯光缓存细分数值　　　图 9-51　场景默认灯光渲染效果

124 V-Ray 面光源

文件路径：素材\第 09 章\124	视频文件：视频\第 09 章\124.MP4

V-Ray 面光源是工作中最为常用的灯光之一，可以使用其进行区域照明，也可以通过形状的调整进行线形光照明，本例讲解其基本使用方法。

步骤 (01) 打开配套资源"第 09 章|124 V-Ray 面光源.skp"场景，执行【视图】/【工具栏】菜单命令，在弹出的工具栏选项板中调出 V-Ray 光源工具栏，然后单击【面光源】创建按钮，如图 9-52 所示。

步骤 (02) 切换至【顶视图】，参考照明对象位置拖动鼠标，创建面光源，如图 9-53 所示。

步骤 (03) 切换至侧面视图，参考场景调整面光源高度，如图 9-54 所示。

图 9-52　单击面光源创建按钮　　　图 9-53　在顶视中创建面光源　　　图 9-54　调整面光源高度

步骤 (04) 灯光创建完成后直接进行渲染，可以发现灯光没有发生任何照明效果，同时灯光的形状也被渲染，如图 9-55 所示。

步骤 05 通过鼠标右键快捷菜单【编辑光源】菜单命令，打开 V-Ray 光源编辑器，如图 9-56 与图 9-57 所示

图 9-55　面光源默认渲染效果　　　　　　　图 9-56　选择灯光进入编辑面板

步骤 06 设置灯光【颜色】与【亮度】，然后勾选【隐藏】复选框，再次渲染即可得到理想的区域照明效果，如图 9-58 与图 9-59 所示。

图 9-57　V-Ray 光源编辑器　　　　　　　　图 9-58　设置灯光参数

→ 技 巧

　　V-Ray 灯光阴影可由每盏灯光单独控制，取消灯光参数【阴影】复选框的勾选，渲染图像中将不出现由该盏灯光产生的任何阴影效果，如图 9-60 所示。

图 9-59　调整参数后的渲染效果　　　　　　图 9-60　取消阴影参数后的渲染效果

125 点光源

文件路径: 素材\第 09 章\125　　　　　视频文件: 视频\第 09 章\125.MP4

　　点光源常用于模拟台灯、落地灯以及太阳的照明效果，本例以其制作落地灯灯光效果为例，讲解其使用方法。

步骤 01 打开配套资源"第 09 章|125 点光源.skp"场景，单击【点光源】创建按钮，如图 9-61 所示。

步骤 02 参考灯罩位置，单击鼠标创建点光源，调整其位置至灯罩内部中心处，如图 9-62 与图 9-63 所示。

图 9-61　单击点光源创建按钮

图 9-62　创建点光源

步骤 03 通过鼠标右键快捷菜单【编辑光源】菜单命令，打开 V-Ray 光源编辑器，设置灯光【颜色】与【亮度】，如图 9-64 与图 9-65 所示。

步骤 04 灯光参数设置完成后单击【OK】按钮，结果如图 9-66 所示，模拟出了理想的落地灯发光效果。

图 9-63　调整灯光位置

图 9-64　V-Ray 光源编辑器

图 9-65　设置灯光颜色与亮度

图 9-66　点光源渲染效果

126 聚光灯

文件路径：素材\第 09 章\126　　　视频文件：视频\第 09 章\126.MP4

聚光灯有着良好的方向性，因此常用于制作一般的筒灯或射灯效果，本例以使用其模拟地面射灯效果的过程，讲解其功能与使用方法。

步骤 01 打开配套资源"第 09 章|126 聚光灯.skp"场景，单击【聚光灯】创建按钮，如图 9-67 所示。

步骤 02 单击鼠标，在灯孔附近创建聚光灯，然后调整灯光大小与照射角度，如图 9-68 与图 9-69 所示。

图 9-67　单击聚光灯创建按钮

图 9-68　创建聚光灯

步骤 03 通过鼠标右键快捷菜单【编辑光源】菜单命令，打开 V-Ray 光源编辑器，并设置灯光【颜色】与【亮度】，如图 9-70 与图 9-71 所示。

图 9-69　调整灯光位置与角度

图 9-70　V-Ray 光源编辑器

步骤 04 灯光参数设置完成后单击【OK】按钮，模拟出的灯光直射效果如图 9-72 所示。

图 9-71　设置聚光灯参数

图 9-72　聚光灯渲染效果

127　光域网（IES）光源

| 文件路径：素材\第 09 章\127 | 视频文件：视频\第 09 章\127.MP4 |

光域网（IES）光源可以加载多种光域网文件，从而模拟出丰富的灯光效果，本例以使用其模拟射灯灯光为例，介绍其功能与使用方法。

步骤 01 打开配套资源 "第 09 章|127 光域网（IES）光源.skp" 场景，单击【光域网（IES）光源】创建按钮，如图 9-73 所示。

步骤 02 单击鼠标，在灯孔附近创建光域网（IES）光源，如图 9-74 所示，然后调整好灯光大小与位置，如图 9-75 所示。

图 9-73　单击光域网（IES）光源创建按钮

图 9-74　创建光域网（IES）光源

图 9-75　调整灯光大小及位置

步骤 03 通过鼠标右键中的【编辑光源】菜单命令，打开 V-Ray 光源编辑器，首先添加以 ies 为后缀名的光域网文件，如图 9-76 与图 9-77 所示。

步骤 04 加载完成光域网文件后，设置灯光【滤镜颜色】与【功率】，如图 9-78 所示。

步骤 05 单击【开始渲染】按钮，在墙体上出现亮丽的灯光效果，如图 9-79 所示。

图 9-76　V-Ray 光源编辑器

图 9-77　添加光域网（ies）光源文件

图 9-78　设置灯光颜色与强度

图 9-79　灯光渲染效果

步骤 06 选择创建好的灯光进行移动复制，并加载另一个光域网文件，再次渲染即可出现不同的射灯效果，如图 9-80 与图 9-81 所示。

图 9-80　复制灯光添加新的 ies 文件

图 9-81　不同的 ies 文件灯光效果

第10章

SketchUp/V-Ray 材质解析

本章首先讲解SketchUp材质面板与V-Ray材质面板各主要参数的功能和含义，从而熟悉这两种材质的主要特点和用法，然后通过常用材质制作实例，深入掌握各类材质的调整技巧。

10.1 SketchUp 材质

128 SketchUp 材质创建面板

文件路径: 无	视频文件: 视频\第 09 章\128.MP4

本例将详细介绍 SketchUp 材质创建面板中各个参数的功能与使用方法,从而掌握该类材质的制作技巧。

步骤 01 在【材料】面板中单击【创建材质】按钮，即可打开【创建材质】面板,如图 10-1 所示。

图 10-1   SketchUp 创建材质面板

材质预览窗 — 材质名称
调整颜色模式 — 纹理路径设置
纹理调整 — 纹理颜色校正 / 重置颜色 / 不透明度调整

步骤 02 材质名称。进入【创建材质】面板后,单击进入其后的文本框,可以进行新建材质的命名,材质命名应该简明、准确。

步骤 03 材质预览。在【材质预览】窗口内,可以快速查看当前新建的材质效果,如颜色、纹理以及不透明度等特性,如图 10-2~图 10-4 所示。

图 10-2   颜色预览   图 10-3   纹理预览   图 10-4   不透明度预览

步骤 ④ 材质颜色。通过【颜色】选项组，可以设置材质的颜色，首先在【拾取】下拉列表框选择颜色模式，然后通过相应的颜色模式滑块设置颜色，如图 10-5~图 10-7 所示。

图 10-5　HLS 模式

图 10-6　HSB 模式

图 10-7　RGB 模式

步骤 ⑤ 重置颜色。按下【重置颜色】色块，系统将恢复默认的颜色。

步骤 ⑥ 纹理。按下纹理路径后的【浏览材质图像文件】按钮，将打开【选择图像】面板进行纹理的加载，如图 10-8 与图 10-9 所示。

图 10-8　单击浏览材质图像文件按钮

图 10-9　添加材质纹理图片

步骤 ⑦ 纹理坐标。外部加载贴图尺寸大小通常不理想，此时通过【纹理坐标】数值可以调整出理想的贴图效果，如图 10-10 与图 10-11 所示

→提 示

　　在默认的设置下，贴图长宽的比例并不能修改，单击其后的【解锁】按钮，则可以进行不等比的调整，如图 10-12 所示。

图 10-10　贴图原始尺寸效果

图 10-11　调整尺寸后的效果

图 10-12　调整贴图尺寸比例

步骤 ⑧ 纹理色彩校正。勾选【着色】复选框，调整【颜色】参数可以改变贴图颜色，如图 10-13 与图 10-14 所示。单击【重置颜色】色块，将还原至贴图原有色彩，如图 10-15 所示。

图 10-13　勾选【调色】复选框

图 10-14　调整颜色

图 10-15　还原颜色

步骤 ⑨ 不透明度。向左拖动【不透明】滑块，材质的透明度将越来越高，如图 10-16~图 10-18 所示。

图 10-16　不透明度=100

图 10-17　不透明度=30

图 10-18　不透明度=18

→提示

　　SketchUp 材质无法控制材质的反射、折射等特性，因此其制作的材质不具写实性，使用 V-Ray 渲染器的材质，可以弥补 SketchUp 在材质细节效果制作上的不足。

10.2 V-Ray 材质

129 关联 SU 材质与 V-Ray 材质

文件路径：素材\第 10 章\129	视频文件：视频\第 10 章\129.MP4

　　SketchUp 要转变为 V-Ray 材质，通常通过添加对应的属性层实现，本例介绍添加的方法。

步骤 ① 打开 SketchUp【材质】面板，选择任意一个材质赋予场景中对象，然后单击 V-Ray 主工具栏上【打开 V-Ray 材质编辑器】按钮，如图 10-19 与图 10-20 所示。

步骤 ② 此时在【V-Ray 材质编辑器】中会对应选择到材质，根据材质表现需要，单击鼠标右键进行各类属性层的添加，即可将为关联为 V-Ray 材质，如图 10-21 所示。

图 10-19　赋予 SketchUp 木纹材质

图 10-20　单击打开 V-Ray 材质编辑器按钮

130 【Diffuse（漫反射）】卷展栏

📨 文件路径：无	◎ 视频文件：无

　　通过 Diffuse【漫反射】卷展栏，可以设定材质的颜色、纹理以及透明度，本例对其进行详细讲解。

步骤 01 单击展开 Diffuse【漫反射】卷展栏，可以看到其参数设置如图 10-22 所示。

图 10-21　关联 V-Ray 材质

图 10-22　漫反射卷展栏参数设置

步骤 02 单击颜色色块，可以任意设置材质表面的颜色，如图 10-23~图 10-25 所示。

图 10-23　绿色漫反射效果

图 10-24　蓝色漫反射效果

图 10-25　红色漫反射效果

步骤 03 单击颜色后的 __m__ 按钮，可以添加贴图模拟表面纹理效果，如图 10-26~图 10-28 所示。

图 10-26　添加木纹贴图的效果　　　图 10-27　添加石材贴图的效果　　　图 10-28　添加水纹贴图的效果

步骤 04 调整透明度色块，可以设置材质的透明效果，如图 10-29~图 10-31 所示，但并不能产生现实中折射的细节。

图 10-29　35 灰度时的透明效果　　图 10-30　185 灰度时的透明效果　　图 10-31　248 灰度时的效果

131　自发光卷展栏

文件路径：无	视频文件：无

　　通过自发光卷展栏，可以设定材质发光颜色以及倍增，此外还可以加载贴图，制作常用的电视画面等发光效果。

步骤 01 添加自发光属性层，其参数卷展栏如图 10-32 所示。

步骤 02 单击【颜色】色块，可以设定不同的发光颜色，如图 10-33 与图 10-34 所示。

图 10-32　自发光卷展栏

图 10-33　黄色发光效果

步骤 03 单击颜色后的 ___m___ 按钮，可以添加贴图，模拟电视屏幕等发光效果，如图 10-35 所示。

步骤 04 调整倍增后的数值，可以控制发光的强弱，如图 10-36 所示。

10-34 蓝色发光效果　　　　　图 10-35　添加贴图效果　　　　　图 10-36 不同强度发光对比

132 【Reflect（反射）】卷展栏

📧 文件路径：无	◎ 视频文件：无

通过 V-Ray 材质的反射卷展栏，可以轻松制作出现实中的反射、高光反射等细节，本例对该卷展栏主要参数进行讲解。

步骤 01 添加反射属性层后，其参数卷展栏如图 10-37 所示。

步骤 02 单击【反射】色块，调整该颜色灰度值可以控制反射效果的强弱，颜色越亮，反射能力越强，如图 10-38 与图 10-39 所示。

图 10-37　反射卷展栏　　　　　　　　　　图 10-38　纯白色形成全反射效果

步骤 03 单击反射的 ___m___ 按钮，可以加载贴图，以精确控制材质表面各个区域的反射能力，贴图中白色区反射能力强，灰色或黑色区域反射能力逐渐减弱，如图 10-40 所示。

图 10-39　灰度降低反射能力　　　　　　　图 10-40　添加贴图调整反射区域

步骤 04 在反射卷展栏内【光泽度】参数组中的【高光】与【反射】参数值的设置可以有不同效果，前者用于控制高光的强弱，数值越小高光越散淡，如图 10-41 与图 10-42 所示。

步骤 05 后者则用于控制反射模糊的强度，数值越小反射效果越模糊，如图 10-43 与图 10-44

所示。

图 10-41　高光模糊=0.8

图 10-42　高光模糊=0.4

图 10-43　折射模糊=0.8

133　【Refract（折射）】卷展栏

文件路径: 无	视频文件: 无

通过 V-Ray 材质 Refract（折射）卷展栏，可以控制透明对象的颜色、光泽度以及透明度等细节，本例对该卷展栏主要参数进行讲解。

步骤01 添加【折射】属性层后，其参数卷展栏如图 10-45 所示。

步骤02 单击最上方的【颜色】色块，可以调整透明对象的色彩效果，如图 10-46 与图 10-47 所示。要注意的是，草图大师的 V-Ray 材质中透明度由【漫反射】卷展栏中的【透明】参数控制。

图 10-44　折射模糊=0.6

图 10-45　折射卷展栏参数设置

图 10-46　纯白色透明

步骤03 调整【光泽度】后的参数值，可以控制模糊折射的强度，如图 10-48 与图 10-49 所示，从而轻松制作出磨砂玻璃的质感。

图 10-47　蓝色透明

图 10-48　模糊=0.8

图 10-49　模糊=0.55

步骤04 IOR(折射率)。IOR(折射率)是现实世界中透明对象的一个重要参数，如图 10-50 与图 10-51 所示。

步骤05 雾颜色。除了使用最上方的颜色色块调整透明对象的颜色，通过雾参数组内的颜色色块同样可以调整，如图 10-52 与图 10-53 所示。

图 10-50　IOR=1.31　　　图 10-51　IOR=1.81　　　图 10-52　蓝色雾效　　　图 10-53　绿色雾效

134 选项卷展栏

📁 文件路径： 无	💿 视频文件： 无

　　V-Ray 材质中的选项卷展栏可以控制材质反射与折射是否有效，本例对其进行详细了解。

步骤 01 单击展开【选项】卷展栏，可以看到其参数设置如图 10-54 所示。

图 10-54　选项卷展栏设置

步骤 02 双面。勾选该选项，物体内部的光线将会被跟踪计算，从而产生正确的透明细节，通常保持勾选状态。如果场景中透明材质较多，在进行灯光测试渲染时，可以考虑将其关闭，以节省计算时间。

步骤 03 追踪反射。【追踪反射】复选框用于决定是否计算该材质反射，取消该复选框勾选，将得不到正确的反射效果，但可以加快灯光计算的时间，如图 10-55 与图 10-56 所示。

步骤 04 追踪折射。【追踪折射】参数用于决定是否计算材质折射效果，取消该复选框的勾选，将得不到正确的折射效果，但可以加快灯光计算的时间，如图 10-57 与图 10-58 所示。

图 10-55　默认开启追踪　　　图 10-56　关闭追踪反射　　　图 10-57　默认开启追踪　　　图 10-58　关闭跟踪追踪
　　　反射效果　　　　　　　　　效果　　　　　　　　　　折射效果　　　　　　　　折射效果

135 凸凹贴图

📧 文件路径: 无	◎ 视频文件: 无

除了发光、反射与折射细节，通过 V-Ray 材质的贴图卷展栏，还可以模拟出材质表面的凸凹效果，本例介绍相关的调整方法。

步骤 01 单击展开【贴图】卷展栏，如图 10-59 所示。

图 10-59　贴图卷展栏设置

步骤 02 粗糙的大理石与木材表面都具有轻微的凸凹细节，单击【凸凹贴图】　m　按钮，添加对应的位图，然后调整数值，即可模拟出相应的细节，如图 10-60 与图 10-61 所示。

图 10-60　没有凸凹细节的木纹

图 10-61　添加凸凹的木纹效果

136 置换贴图

📧 文件路径: 无	◎ 视频文件: 无

凸凹贴图用于模拟比较细致的表面效果，如果模拟起伏较大的表面，则需要使用到置换贴图通道。

步骤 01 在真实的物理世界中，柔软的草地与布纹都有比较明显的起伏效果，单击【置换】参数　m　按钮，添加对应的位图，然后调整数值，即可模拟出相应的细节。

步骤 02 添加置换贴图前后对比效果如图 10-62 与图 10-63 所示。

图 10-62　没有添加置换的布纹

图 10-63　添加置换后的布纹

10.3　常用材质制作

137　玻化砖材质

文件路径：素材\第 10 章\137	视频文件：视频\第 10 章\137.MP4

玻化砖材质的表面具有一定的纹理，光滑且具有较强的反射与衰减细节，本例介绍该种材质的调整方法。

步骤 01 打开配套光盘"第 10 章|137 玻化砖材质.skp"场景，如图 10-64 所示。

步骤 02 在 SketchUp 材质编辑器中新建一个材质，然后进入 V-Ray 材质编辑器，添加【漫反射】贴图，如图 10-65 所示。

图 10-64　打开场景

图 10-65　添加【漫反射】贴图

步骤 03 添加【折射层】，然后在其贴图通道内添加【衰减】程序贴图，模拟出"衰减反射"细节，如图 10-66 与图 10-67 所示。

图 10-66　调整衰减细节

图 10-67　玻化砖效果

138 仿古地砖材质

📧 文件路径：素材\第 10 章\138　　　　◎ 视频文件：视频\第 10 章\138.MP4

仿古地砖除了特色的纹理外，表面通常有凹凸细节，因此反射十分微弱，本例介绍该材质的调整方法。

步骤 01 打开配套光盘"第 10 章|138 仿古地砖材质.skp"场景，如图 10-68 所示。

步骤 02 在 SketchUp 材质编辑器中新建一个材质，然后进入 V-Ray 材质编辑器，添加【漫反射】与【凸凹】通道贴图，如图 10-69 所示。

图 10-68　打开场景　　　　　　　　　　图 10-69 添加漫反射与凸凹贴图

步骤 03 添加【反射】，并调整出较弱的反射能力，完成材质细节的模拟，如图 10-70 与图 10-71 所示。

图 10-70　制作反射细节　　　　　　　　　图 10-71　仿古砖效果

139 实木地板材质

📧 文件路径：素材\第 10 章\139　　　　◎ 视频文件：无

实木地板不但具有独特的纹理效果，光滑表面，且具有较为明显的反射细节。本例介绍该材质的调整方法。

步骤 01 打开配套光盘"第 10 章|139 实木地板材质.skp"场景，如图 10-72 所示。

步骤 02 在 SketchUp 材质编辑器中新建一个材质，进入 V-Ray 材质编辑器添加【漫反射】贴图，如图 10-73 所示。

图 10-72　打开场景

图 10-73　添加漫反射贴图

步骤 03 添加【反射】，在其贴图通道内添加【衰减】程序贴图，模拟出"衰减反射"细节，如图 10-74 与图 10-75 所示。

图 10-74　添加反射细节

图 10-75　实木地板效果

140　亮光金属材质

文件路径：素材\第 10 章\140	视频文件：视频\第 10 章\140.MP4

亮光金属材质的特点在于表面的强烈的反射能力，通过添加【反射层】可以轻松模拟。本列介绍该材质的调整方法。

步骤 01 打开配套光盘"第 10 章|140 亮光金属材质.skp"场景，如图 10-76 所示。

步骤 02 在 SketchUp 材质编辑器中新建一个材质，进入 V-Ray 材质编辑器，添加并调整【反射层】，如图 10-77 所示。

步骤 03 注意略微降低【光泽度】参数组中的反射数值至 0.95，避免产生镜面反射，如图 10-78 所示。

图 10-76　打开场景

图 10-77　添加并调整反射层

图 10-78　亮光不锈钢效果

141 磨砂金属材质

✉ 文件路径：素材\第 10 章\141　　　　◎ 视频文件：视频\第 10 章\141.MP4

　　磨砂金属表面具有明显的模糊反射细节，通过降低【光泽度】参数组中的【反射】数值，可以对应地产生该种细节效果，本例介绍该材质的调整方法。

步骤①打开配套光盘"第 10 章|141 磨砂金属材质.skp"模型文件，如图 10-79 所示。

步骤②在 SketchUp 材质编辑器中新建一个材质，进入 V-Ray 材质编辑器，添加并调整【反射】层数值，如图 10-80 所示。

步骤③降低【光泽度】中的【高光】、【反射】数值至 0.82，产生模糊反射细节，如图 10-81 所示。

图 10-79　打开场景　　　　图 10-80　添加并调整反射层　　　　图 10-81　磨砂不锈钢效果

142 漆面金属材质

✉ 文件路径：素材\第 10 章\142　　　　◎ 视频文件：无

　　漆面金属表面具有不同的颜色细节，此外还保留了一定的反射能力，本例介绍该材质的调整方法。

步骤①打开配套光盘"第 10 章|142 漆面金属材质.skp"模型文件，如图 10-82 所示。

步骤②在 SketchUp 材质编辑器中新建一个材质，进入 V-Ray 材质编辑器，添加并调整【漫反射】颜色，模拟漆面颜色数值，如图 10-83 所示。

图 10-82　打开场景　　　　　　图 10-83　调整漫反射颜色

步骤③添加并调整【反射】层数值，模拟表面较弱的反射能力，如图 10-84 与图 10-85 所示。

图 10-84　调整反射细节

图 10-85　漆面金属效果

143 无漆原木材质

| 文件路径：素材\第 10 章\143 | 视频文件：视频\第 10 章\143.MP4 |

　　无漆原木材质表面通常比较粗糙，通过【凸凹】贴图通道可以实现该种效果，本例介绍该材质的调整方法。

步骤 01 打开配套光盘 "第 10 章|143 无漆原木材质.skp" 模型文件，如图 10-86 所示。

步骤 02 在 SketchUp 材质编辑器中新建一个材质，进入 V-Ray 材质编辑器，添加【漫反射】贴图，模拟表面木纹纹理，如图 10-87 所示。

图 10-86　打开场景

图 10-87　添加漫反射贴图

步骤 03 进入【贴图】卷展栏，在【凸凹贴图】内添加同样的纹理模拟表面凸凹细节，如图 10-88 与图 10-89 所示。

图 10-88　添加至凹凸贴图

图 10-89　无漆原木效果

144 清漆木纹材质

| 文件路径：素材\第 10 章\144 | 视频文件：视频\第 10 章\144.MP4 |

　　清漆木纹表面不但具有明显的木质纹理，而且光滑，具有明显的反射细节，本例介绍该材质的调整方法。

步骤 01 打开配套光盘 "第 10 章|144 清漆木纹材质.skp" 模型文件，如图 10-90 所示。

步骤 02 吸取当前的木纹材质，进入 V-Ray 材质编辑器，添加【反射】层数值，然后调整出表面的衰减反射细节，如图 10-91~图 10-93 所示。

图 10-90　打开场景

图 10-91　添加反射层

图 10-92　调整衰减细节

图 10-93　清漆木纹效果

145 大理石材质

文件路径：素材\第 10 章\145	视频文件：无

　　光滑的大理石材质表面具有明衰减反射细节，本例介绍该材质的调整方法。

步骤 01 打开配套资源 "第 10 章|145 大理石材质.skp" 模型文件，如图 10-94 所示。

步骤 02 吸取当前的大理石材质，进入 V-Ray 材质编辑器，添加【反射】层数值，然后调整出表面的衰减反射细节，如图 10-95~图 10-97 所示。

图 10-94　打开场景

图 10-95　添加反射层

图 10-96　调整衰减细节

图 10-97　大理石效果

146　清玻璃材质

文件路径：素材\第 10 章\146	视频文件：无

清玻璃表面光滑、剔透，具有反射与折射双重细节，本例介绍该材质的调整方法。

步骤 01 打开配套资源"第 10 章|146 清玻璃材质.skp"模型文件，如图 10-98 所示。

步骤 02 在 SketchUp 材质编辑器中新建一个材质，进入 V-Ray 材质编辑器，添加【反射】层数值，模拟表面反射效果，如图 10-99 所示。

步骤 03 添加【折射层】，并调整【颜色】与【光泽度】参数制作好透明细节，如图 10-100 与图 10-101 所示。

图 10-98　打开场景

图 10-99　添加反射层

图 10-100　添加折射层

图 10-101　清玻璃效果

147　磨砂玻璃材质

文件路径：素材\第 10 章\147	视频文件：视频\第 10 章\147.MP4

磨砂玻璃与清玻璃的最大区别在于透明度与表面质感的改变,通过【折射】参数下的【光泽度】数值,可以调整出对应的效果,本例介绍该材质的调整方法。

步骤01 打开配套资源"第 10 章|147 磨砂玻璃材质.skp"模型文件,如图 10-102 所示。

步骤02 在 SketchUp 材质编辑器中新建一个材质,进入 V-Ray 材质编辑器,添加【反射】层数值,模拟表面反射效果,如图 10-103 所示。

图 10-102　打开场景

图 10-103　添加反射层

步骤03 添加【折射】层数值,首先调整【颜色】,然后降低【光泽度】参数,制作出模糊折射细节,如图 10-104 与图 10-105 所示。

图 10-104　添加折射层

图 10-105　磨砂玻璃效果

148　陶瓷材质

文件路径: 素材\第 10 章\148	视频文件: 视频\第 10 章\148.MP4

陶瓷材质表面光滑圆润,具有较明显的衰减反射效果,本例介绍该材质的调整方法。

步骤01 打开配套资源"第 10 章|148 陶瓷材质.skp"模型文件,如图 10-106 所示。

图 10-106　打开场景

图 10-107　添加反射层

步骤 02 吸取当前的陶瓷材质，进入 V-Ray 材质编辑器，添加【反射】层数值，然后调整出表面的衰减反射细节，如图 10-107~ 图 10-109 所示。

图 10-108 调整衰减细节　　　　　　　　　图 10-109 陶瓷效果

149 皮纹材质

文件路径: 素材\第 10 章\149	视频文件: 无

皮纹材质有着独特的凸凹纹理，表面反射效果通常比较微弱，本例介绍该材质的调整方法。

步骤 01 打开配套资源"第 10 章|149 皮纹材质"模型文件，如图 10-110 所示。

步骤 02 吸取当前的陶瓷材质，进入 V-Ray 材质编辑器，添加【反射】层数值，然后调整出表面微弱的反射效果，如图 10-111 所示。

图 10-110 打开场景　　　　　　　　　图 10-111 添加反射层

步骤 03 进入【贴图】卷展栏，在【凸凹贴图】内添加皮纹纹理，模拟表面凸凹细节，如图 10-112 与图 10-113 所示。

图 10-112 添加凸凹纹理　　　　　　　　　图 10-113 皮纹效果

150 布纹材质

文件路径: 素材\第 10 章\149 　　　　视频文件: 视频\第 10 章\150.MP4

布纹材质重点在于突出表面的纹理与绒毛细节，通常在【漫反射】贴图通道内添加【衰减】贴图，可以模拟对应质感，本例介绍该材质的调整方法。

步骤 01 打开配套资源"第 10 章|150 布纹材质.skp"模型文件，如图 10-114 所示。

步骤 02 在 SketchUp 材质编辑器中新建一个材质，然后进入 V-Ray 材质编辑器，在【漫反射】贴图通道内添加【衰减】贴图，如图 10-115 所示。

图 10-114　打开场景

图 10-115　添加衰减贴图

步骤 03 进入【衰减】贴图，在其第一颜色的贴图通道添加布纹，第二颜色则调整绒毛的白色，模拟布纹的质感，如图 10-116 与图 10-117 所示。

图 10-116　调整衰减效果

图 10-117　布纹效果

151 透明窗纱

文件路径: 素材\第 10 章\151 　　　　视频文件: 无

通过【折射层】的调整可以模拟出透明窗纱若有若无的质感，本例介绍该材质的调整方法。

步骤 01 打开配套资源"第 10 章|151 透明纱窗.skp"模型文件，如图 10-118 所示。

步骤 02 吸取当前的纱窗材质，进入 V-Ray 材质编辑器，在【漫反射】颜色通道内调整出纱窗的颜色，如图 10-119 所示。

图 10-118　打开场景模型

图 10-119　调整漫反射

步骤 03 添加【折射层】，并调整好【颜色】与【光泽度】数值，模拟出纱窗的质感，如图 10-120 与图 10-121 所示。

图 10-120　添加折射层

图 10-121　透明纱窗效果

152 清水材质

文件路径: 素材\第 10 章\152	视频文件: 视频\第 10 章\152.MP4

清水材质与清玻璃材质类似，最大的区别在于表面凸凹水纹细节的模拟，本例介绍该类材质的调整方法。

步骤 01 打开配套资源"第 10 章|152 清水材质.skp"模型文件，如图 10-122 所示。

步骤 02 吸取当前的清水材质进入 V-Ray 材质编辑器，调整【漫反射】中的【透明度】为纯白色。

步骤 03 添加【反射层】制作出较弱的反射细节，如图 10-123 所示。

步骤 04 添加【折射层】并调整好【颜色】、【光泽度】以及【IOR】，制作水的透明细节，如图 10-124 与图 10-125 所示。

图 10-122　打开场景

图 10-123　添加反射层

图 10-124　添加折射层

153　自发光材质

文件路径：素材\第 10 章\153	视频文件：视频\第 10 章\153.MP4

通过添加【自发光】属性层，可以使材质自身具备灯光发光效果，本例介绍该类材质的调整方法。

步骤 01 打开配套资源"第 10 章|153 自发光材质.skp"模型文件，如图 10-126 所示。

图 10-125　清水材质效果

图 10-126　打开场景

步骤 02 吸取当前的灯罩材质，进入 V-Ray 材质编辑器，添加【自发光】属性层，通过【颜色】与【倍增】的调整，模拟出发光效果，如图 10-127 与图 10-128 所示。

图 10-127　添加并调整自发光层

图 10-128　自发光效果

第11章
室内设计

本章将全面学习使用 SketchUp 完成室内方案表现的方法，包括整体的户型图设计展示、室内空间细化、渲染以及室内漫游效果，如图 11-1~图 11-7 所示。

图 11-1 户型设计完成效果　　　　图 11-2 客厅细化方案完成效果　　　　图 11-3 客厅 V-Ray 渲染效果

图 11-4 漫游过程 1　　　　　　　　　　　图 11-5 漫游过程 2

图 11-6 漫游过程 3　　　　　　　　　　　图 11-7 漫游过程 4

11.1 SketchUp 户型设计

户型设计是室内常用的一种表现手法，通过加工前期简单的 AutoCAD 平面布置图纸，形成初步方案的三维效果，其大致的制作过程如图 11-8~图 11-11 所示。

图 11-8 导入图纸　　　　　　　　　　　图 11-9 建立轮廓

图 11-10　细化空间

图 11-11　完成效果

154 导入 CAD 图纸并设置绘图环境

📧 文件路径：配套资源\第 11 章\154	◎ 视频文件：视频\第 11 章\154.MP4

通过导入户型的 CAD 平面布置图纸，可以建立准确的布局效果。

步骤 01 打开 SketchUp，进入【模型信息】面板，设置单位为 mm，如图 11-12 所示。

步骤 02 执行【文件】\【导入】菜单命令，在弹出的面板中导入配套资源"户型平面布置图.dwg"文件，导入单位同样设置为 mm，如图 11-13 所示。

图 11-12　设置场景单位为 mm

图 11-13　导入平面布置图文件

步骤 03 图纸成功导入场景后，在【风格】面板中，设置直线的显示效果，以便于观察，如图 11-14~ 图 11-16 所示。

图 11-14　平面布置图导入效果

图 11-15　调整边线显示效果

图 11-16　调整后的显示效果

155　建立房屋框架

文件路径: 无　　　　　　　　　　　视频文件: 视频\第 11 章\155.MP4

成功导入 CAD 平面布置图纸后,首先确认图纸的尺寸是否存在误差,然后再建立墙体、门洞以及窗洞框架。

1.　制作墙体轮廓

步骤 01 启用【卷尺】工具,测量入户门门洞,可以发现其宽度为1000mm,如图 11-17 所示。因此可以判断当前图纸尺寸没有产生误差,可以进行模型的创建。

步骤 02 启用【直线】工具,捕捉墙线绘制外墙轮廓,如图 11-18 所示。在绘制的过程中注意在门窗位置加点,以便于拉伸后自动生成参考线。

步骤 03 外墙轮廓创建完成,启用【偏移】工具,选择外墙轮廓向内偏移 240mm,形成外墙平面,如图 11-19 所示。

图 11-17　测量入户门洞尺寸

图 11-18　绘制外墙轮廓

图 11-19　向内偏移墙线

步骤 04 赋予一个淡蓝色材质,以便于区分场景模型,如图 11-20 所示。启用【直线】工具,捕捉图纸绘制出内墙,如图 11-21 所示。

步骤 05 墙体平面分割完成后,如图 11-22 所示。启用【推/拉】工具,向上拉伸 2620mm 形成墙体,与图 11-23 所示。

图 11-20　赋予淡色材质

图 11-21　绘制内墙

图 11-22　墙线完成效果

步骤 06 启用【直线】工具,分割出右侧的玄关以及客厅等空间的地板,如图 11-24 所示。使用【推/拉】工具向下拉伸,制作出 400mm 的下沉空间,如图 11-25 所示。

图 11-23　拉伸墙体　　　　图 11-24　分割地板空间　　　　图 11-25　制作下沉空间

2.　创建窗洞与门洞

步骤 01 全选所有模型，将其创建为【组】，如图 11-26 所示，然后在其上方创建一个矩形平面，如图 11-27 所示。

步骤 02 以左侧地面为参考，将其向上移动 900mm，如图 11-28 所示。进入墙体组，捕捉交点创建参考线，如图 11-29 所示。

图 11-26　创建组　　　　图 11-27　绘制矩形平面　　　　图 11-28　向上移动 900mm

步骤 03 创建下方的参考线后，启用【移动】工具，将其向上以 1400mm 的距离进行复制，如图 11-30 所示。

步骤 04 选择分割形成的内部平面，启用【推/拉】工具推空，形成窗洞效果，如图 11-31 所示。

图 11-29　捕捉平面与墙体交点　　　图 11-30　向上复制分割线　　　图 11-31　推空形成窗洞

步骤 05 使用该种方法制作左侧的所有窗洞，然后将参考平面向下移动 400mm，以便于下沉空间窗洞的制作，如图 11-32 所示。

步骤 06 使用之前类似的方法制作下沉空间的窗洞，如图 11-33 所示，并注意玄关处的小窗尺寸变化，如图 11-34 所示。

图 11-32　调整下沉

图 11-33　制作窗洞

图 11-34　窗洞完成效果

步骤 07 制作门洞。首先调整平面高度，距左侧地面高度为 2000mm，如图 11-35 所示。然后参考其形成的交点，分割门洞处的平面，如图 11-36 所示。

步骤 08 启用【推/拉】工具，拉伸分割的平面至对侧，然后删除多余边形成门洞效果，如图 11-37 与图 11-38 所示。

图 11-35　调整平面高度至
2000mm

图 11-36　捕捉交点进行分割

图 11-37　拉伸分割的平面至对侧

步骤 09 使用类似方法制作好场景左侧的门洞，然后向下移动参考平面 400mm，以便于下沉空间门洞的制作，如图 11-39 所示。

图 11-38　单个门洞效果

图 11-39　调整下沉空间平面高度

图 11-40　捕捉交点进行分割

步骤 10 捕捉交点分割入户门门洞，如图 11-40 所示，然后启用【推/拉】工具制作出空洞效果，如图 11-41 所示。

步骤 11 使用类似方法制作下沉空间其他门洞效果，如图 11-42 所示。然后对齐下沉空间外侧边线，制作好场景框架模型，如图 11-43 所示。

图 11-41　推空形成门洞效果　　　图 11-42　调整外侧边线　　　图 11-43　框架完成效果

156　创建门窗

文件路径：无　　　　　　　　　视频文件：视频\第 11 章\156.MP4

　　场景框架建立完成后，接下来制作门窗效果，在制作的过程中注意插件与组件模型的使用。

步骤01 执行【窗口】/【默认面板】/【组件】菜单命令，如图 11-44 所示，调入门模型组件，如图 11-45 所示，并进行放置与对位，如图 11-46 所示。

图 11-44　执行组件菜单命令　　　图 11-45　调整入门模型组件　　　图 11-46　放置门组件模型

→提示

　　如果不追求门造型的细致，可以使用 SUAPP 插件中的【墙体开门】菜单命令进行快速制作，如图 11-47~图 11-49 所示。

图 11-47　执行墙体开门菜单命令　　　图 11-48　设置门参数　　　图 11-49　放置插件门效果

步骤 02 制作好入户门模型后，通过移动复制与缩放，制作其他卧室门模型，如图 11-50 与图 11-51 所示。

步骤 03 卫生间及浴室等处的推拉门对应调入相关组件模型即可，如图 11-52~图 11-54 所示。

图 11-50 复制门模型　　　　　图 11-51 调整门页造型　　　　图 11-52 调入卫生间门模型

步骤 04 门模型制作完成后，执行【扩展程序】/【门窗构件】/【墙体开窗】菜单命令，制作窗户框架，然后制作玻璃细节并赋予半透明材质，如图 11-55~图 11-57 所示。

图 11-53 卫生间门　　　　　　图 11-54 推拉门　　　　　　图 11-55 执行墙体开窗

图 11-56 创建窗户并赋予玻璃材质　　图 11-57 推拉窗效果　　　图 11-58 移动复制窗户

步骤 05 该处窗户制作完成后，通过移动复制与缩放，制作竖向推拉窗户模型，如图 11-58~图 11-60 所示。

步骤 06 重复类似的操作，制作场景其他位置的窗户，如图 11-61 所示。

图 11-59　调整窗户角度　　　　图 11-60　通过缩放调整造型　　　　图 11-61　场景门窗完成效果

157 细化空间效果

✉ 文件路径：无	◎ 视频文件：视频\第 11 章\157.MP4

完成场景门窗的建立后，接下来将逐步细化出场景内各个空间设计的细节。

1. 细化客厅及休闲厅

步骤 01 结合使用【直线】与【偏移】工具，参考平面布置图纸对地面进行细化，分割出玄关、餐厅与客厅地面细节，如图 11-62 与图 11-63 所示。

步骤 02 打开【材料】面板，分别为玄关与客厅地面赋予对应石材，如图 11-64~图 11-66 所示。

图 11-62　分割玄关与餐厅　　　　图 11-63　分割客厅地面　　　　图 11-64　赋予玄关地面石材

步骤 03 结合使用【推/拉】与【偏移】工具，参考平面布置图纸，制作台阶左侧的平台模型，如图 11-67 与图 11-68 所示。

步骤 04 使用类似方法制作沙发平台，打开【材料】面板赋予木纹材质，如图 11-69 与图 11-70 所示。

步骤 05 进入【组件】面板，合并座垫、抱枕等模型组件，然后参考图纸进行复制与调整，如图 11-71~图 11-73 所示。

步骤 06 结合使用【直线】与【推/拉】工具，制作出台阶模型，如图 11-74 与图 11-75 所示。

步骤 07 台阶模型制作完成后，进入【组件】面板，合并玄关与客厅中央的柜子与沙发模型，如图 11-76 所示。

步骤 08 启用【矩形】工具，参考底图绘制出地毯平面，然后进入【材料】面板，赋予布纹材质，如图 11-77 与图 11-78 所示。

图 11-65　赋予客厅地面石材

图 11-66　赋予收边石材

图 11-67　参考图纸进行分割

图 11-68　拉伸出结构细节

图 11-69　制作沙发平台

图 11-70　赋予木纹材质

图 11-71　合并沙发垫与抱枕

图 11-72　调整模型位置

图 11-73　沙发垫模型完成效果

图 11-74　分割台阶

图 11-75　推拉台阶细节效果

图 11-76　合并柜子与沙发模型

步骤 ⑨ 通过类似方法，制作客厅后方的休闲厅相关模型细节，如图 11-79 所示。

图 11-77　绘制地毯平面

图 11-78　赋予地毯布纹材质

图 11-79　制作休闲厅效果

2. 细化餐厅

步骤 ① 结合使用【推/拉】以及【偏移】工具，制作出酒柜细节效果，如图 11-80~图 11-82 所示。

图 11-80　初步分割酒柜

图 11-81　制作柜门细节

图 11-82　制作筒灯细节

步骤 ② 调整底图高度，结合【直线】以及【偏移】工具，分割出餐厅地面细节并赋予对应材质，如图 11-83~图 11-85 所示。

图 11-83　调整底图高度

图 11-84　细分餐厅地面

图 11-85　赋予地面对应材质

步骤 ③ 结合【推/拉】以及【偏移】工具，制作出厨柜底部平台效果，然后赋予材质，如图 11-86~图 11-88 所示。

步骤 ④ 使用类似的方法制作上方的吊柜模型，然后为吊柜与厨房空间墙壁赋予对应材质，如图 11-89 与图 11-90 所示。

步骤 ⑤ 打开【组件】面板，合并入洗菜盆，炉灶以及抽油烟机模型组件，完成厨房操作平

台效果，如图 11-91 所示

图 11-86　制作厨柜底层轮廓

图 11-87　分割厨柜底部细节

图 11-88　赋予厨柜材质

图 11-89　制作吊柜

图 11-90　赋予墙面以及吊柜材质

图 11-91　合并炊具等模型

步骤 06 打开【组件】面板，合并餐桌与冰箱模型，完成厨房空间的布置，如图 11-92 所示。

3. 细化主卧室

步骤 01 启用【直线】工具，分割主卧室与配套卫生间地板，然后打开【材料】面板，赋予木纹材质，如图 11-93 与图 11-94 所示。

图 11-92　合并餐桌与冰箱

图 11-93　分割主卧室地面

图 11-94　赋予地板木纹材质

步骤 02 打开【组件】面板，合并入床体、电视以及衣柜模型，如图 11-95 与图 11-96 所示。

步骤 03 打开【材料】面板，赋予卫生间地板防滑地砖，然后分割出门口波打线并赋予黑色石材，如图 11-97 与图 11-98 所示。

步骤 04 打开【组件】面板，合并入浴缸、座便器以及洗手盆等模型，完成主卧室与配套卫生间效果的制作，如图 11-99 所示。

4. 细化其他空间

步骤 01 制作好客厅、厨房以及主卧室后，通过类似的方法完成次卧室、次卫生间、书房以及阳台空间的效果，如图 11-100~图 11-104 所示。

图 11-95　合并床体

图 11-96　合并电视与衣柜

图 11-97　赋予卫生间防滑地砖

图 11-98　制作波打线分隔细节

图 11-99　合并卫浴相关模型

图 11-100　主卧室及主卫完成效果

图 11-101　细化次卧室空间效果

图 11-102　细化次卫生间效果

图 11-103　细化书房效果

图 11-104　细化阳台效果

158　完成最终细节

文件路径：无	视频文件：视频\第 11 章\158.MP4

通过模型制作以及合并，体现出各个空间的功能后，接下来制作装饰细节、阴影以及文字标注，完成最终效果。

1. 添加墙面装饰

步骤 01　通过【材料】与【组件】面板，为玄关以及客厅墙面赋予墙纸，并制作好墙壁挂画等细节，如图 11-105~图 11-107 所示。

图 11-105　赋予玄关墙面墙纸

图 11-106　合并花瓶与装饰画

图 11-107　客厅处理完成效果

步骤 02　使用类似的方法制作出餐厅、卧室等空间的装饰细节效果，如图 11-108~图 11-112 所示。

图 11-108　餐厅处理完成效果

图 11-109　厨柜及过道细节效果

图 11-110　主卧室处理完成效果

图 11-111　书房及次卧室处理完成效果

图 11-112　装饰细节整体完成效果

2. 制作标注

步骤 01 执行【视图】/【显示模式】/【单色显示】菜单命令，将模型简化显示，然后通过【阴影】工具栏制作好阴影细节效果，如图 11-113 与图 11-114 所示。

步骤 02 将当前制作好效果保存为【场景】，如图 11-115 所示，以便于以后效果的观察。

图 11-113　调整模型为　　　　图 11-114　调整阴影效果　　　　图 11-115　保存为场景

单色显示

3. 制作标识

步骤 01 单击【文字】工具按钮，在主卧室空间单击鼠标，拖出引线，调整其名称为"主卧室"即可，如图 11-116 与图 11-117 所示。

图 11-116　拖移出文字引线　　　图 11-117　调整文字内容　　　图 11-118　默认标注完成效果

步骤 02 通过相同的方法制作好其他空间的标识，如图 11-118 所示。

步骤 03 进入【模型信息】面板中的【尺寸】选项卡，调整好标注字体与大小，然后进行全部更新，完成最终效果，如图 11-119 与图 11-120 所示。

图 11-119　调整标注文字　　　　图 11-120　最终完成效果

11.2　室内空间方案细化

本节学习室内空间细化方案制作的方法，区别于户型图对功能区域的大致区分，空间细化方案将制作出详细的立面方案效果，大致制作过程如图 11-121~图 11-124 所示。

图 11-121　导入方案底图

图 11-122　建立空间轮廓

图 11-123　细化空间效果

图 11-124　完成效果

159 导入方案底图

文件路径：配套资源\第 11 章\159	视频文件：无

在上个案例中，通过 AutoCAD 图纸建立了户型图模型，在本节中将导入方案图纸的 JPG 文件进行参考。

步骤 01 打开 SketchUp，执行【窗口】/【模型信息】命令，在【单位】选项卡内设置场景单位为 mm，如图 11-125 所示。

步骤 02 执行【文件】/【导入】菜单命令，在【导入】面板中选择"平面布置图纸.jpg"文件，如图 11-126 与图 11-127 所示。

步骤 03 放置好图纸文件后，启用【卷尺】对卧室门进行测量，然后输入 900 并回车重置图纸大小，如图 11-128~图 11-130 所示。

图 11-125　设置场景单位　　　　　　图 11-126　执行【文件】/【导入】

图 11-127　导入平面布置图片　　　图 11-128　放置底图　　　图 11-129　测量并调整卧室门宽度

步骤 04 导入并调整图纸后，接下来将建立客厅与餐厅区域的细节模型，如图 11-131 所示。

图 11-130　确认重置大小　　　　　　图 11-131　空间细化区域与观察方向

160　建立空间轮廓

📧 文件路径：无　　　　　　◎ 视频文件：无

　　放置并调整好平面参考图纸大小后，接下来将利用其制作细化空间的轮廓，在制作过程中注意预留门窗线以及辅助平面的使用。

步骤 01 结合使用【直线】与【推/拉】工具，制作出对应空间的外部轮廓，然后将顶面单独创建为【组】，如图 11-132~图 11-134 所示。

图 11-132　捕捉内侧墙线

图 11-133　推拉一层空间高度

步骤 02 隐藏屋顶后，全选墙面与地板进行翻转，然后创建一个参考平面，通过上一节中类似的方法，制作好门洞与窗洞，如图 11-135~图 11-137 所示。

图 11-134　将屋顶单独创建为组

图 11-135　将墙面与地板翻转

图 11-136　创建参考平面

图 11-137　制作好窗洞与门洞

161 细化室内空间

📧 文件路径：无	◉ 视频文件：无

　　制作好空间轮廓后，接下来逐个制作空间的立面细节，并合并对应的家具配饰，在制作的过程中要注意把握细化的顺序，并根据表现的角度适当删减模型细节，以提高工作效率。

1. 细化玄关

步骤 01 调整视图至入户门处，通过【组件】面板调入子母门模型，并调整好大小，如图 11-138~图 11-140 所示。

步骤 02 参考图纸，结合使用【圆弧】、【直线】以及【推/拉】工具制作好鞋柜轮廓，如图 11-141 与图 11-142 所示。

步骤 03 使用【超级推拉】插件工具制作出鞋柜底部弧形空洞，如图 11-143 所示。

图 11-138 调整视角至门洞

图 11-139 合并子母门组件

图 11-140 放置子母门组件

图 11-141 参考图纸绘制弧形

图 11-142 制作鞋柜轮廓

图 11-143 使用超级推拉制作底部
弧形空洞

步骤 04 结合使用【曲面分割】与【超级推拉】插件工具，制作出鞋柜细节，如图 11-144~图 11-146 所示。

图 11-144 曲面分割制作柜门细节

图 11-145 超级推拉制作柜门厚度

图 11-146 制作上方细节

步骤 05 鞋柜模型制作完成后，打开【材料】面板，赋予"原色樱桃木"材质，如图 11-147 所示。

步骤 06 通过类似的方法，制作后方的装饰墙细节模型，如图 11-148~图 11-150 所示。

图 11-147 赋予木纹材质

图 11-148 绘制装饰墙弧线

图 11-149 弧形装饰墙轮廓

2. 细化客厅

步骤 01 结合使用【卷尺】、【直线】以及【推/拉】工具，制作外侧的斜墙造型，如图 11-151 与图 11-152 所示。

步骤 02 结合使用【卷尺】、【直线】以及【推/拉】工具，制作展示柜轮廓，如图 11-153~ 图 11-155 所示。

图 11-150 入口鞋柜与装饰墙完
效果

图 11-151 墙面当前效果

图 11-152 分割并推拉出斜面

图 11-153 制作展示柜轮廓

图 11-154 将轮廓单独成组

图 11-155 制作中部细节

步骤 03 结合使用【偏移】与【推/拉】工具，制作出 30mm 厚的玻璃效果，如图 11-156~图 11-157 所示。

步骤 04 结合使用【圆】、【偏移】以及【推/拉】工具，制作出筒灯模型，然后复制得到其他位置的筒灯，如图 11-158~图 11-159 所示。

图 11-156 向内偏移复制 30mm

图 11-157 制作玻璃

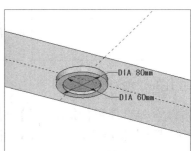

图 11-158 制作筒灯

步骤 05 展示柜制作完成后,打开【材料】面板,为沙发背景墙赋予白色花纹墙纸,如图 11-160 与图 11-161 所示。

图 11-159 复制筒灯　　图 11-160 展示柜完成效果　　图 11-161 赋予墙面白色花纹墙纸

步骤 06 打开【组件】面板,合并挂画与推拉门模型,并调整好位置与造型大小,如图 11-162~图 11-164 所示。接下来制作电视背景墙。

图 11-162 打开组件面板　　图 11-163 合并装饰挂画　　图 11-164 合并推拉门

步骤 07 参考图纸,结合使用【圆弧】与【推/拉】工具制作好背景墙轮廓,如图 11-165 与图 11-166 所示。

步骤 08 切换至【X 光透视模式】模式,启用【直线】工具进行初步分割,如图 11-167 所示。

图 11-165 绘制电视墙弧线　　图 11-166 推拉电视墙高度　　图 11-167 在透明模型下分割墙面

步骤 09 结合使用【曲面分割】与【超级推拉】插件工具,制作出背景墙细节,然后赋予"原色樱桃木"材质,如图 11-168~图 11-170 所示。

图 11-168　通过曲面分割制作 　　图 11-169　通过超级推拉制作细节 　　图 11-170　电视墙初步完成效果
　　　　　　细节

步骤 10 使用类似的方法制作出电视墙下方的平台，然后同样赋予"原色樱桃木"材质，完成整体效果的制作，如图 11-171~图 11-173 所示。

图 11-171　绘制底部平台弧线 　　图 11-172　制作平台收边细节 　　图 11-173　电视墙完成效果

步骤 11 沙发背景墙与电视背景墙制作完成后，通过【组件】面板合并入配套的一些家具与配饰，如图 11-174~图 11-176 所示。

图 11-174　合并电器 　　　　图 11-175　合并客厅沙发等模型 　　图 11-176　客厅完成效果

3.　细化过道台阶

步骤 01 参考图纸，结合使用【直线】、【圆弧】以及【推/拉】工具，制作出过道抬高平台，如图 11-177 与图 11-178 所示。

步骤 02 结合使用【圆】、【圆弧】以及【推/拉】等工具，逐步制作台阶造型细节，如图 11-179 与图 11-180 所示。

步骤 03 结合使用【矩形】以及【推/拉】工具，制作左侧护栏模型，然后合并右侧的花坛模型，如图 11-181 与图 11-182 所示。

图 11-177 分割过道

图 11-178 推拉出上升空间

图 11-179 制作台阶轮廓

图 11-180 制作台阶细节

图 11-181 制作左侧护栏模型

图 11-182 合并花坛

步骤 04 台阶模型细化完成后，通过【组件】面板合并入厨房推拉门与餐桌，然后赋予客厅与餐厅地面白色大理石材质即可，如图 11-183~图 11-185 所示。

图 11-183 合并厨房推拉门

图 11-184 合并餐桌模型

图 11-185 赋予材质

162 制作顶棚

文件路径: 无	视频文件: 无

空间的立面与配套家具效果完成后，接下来进行顶棚造型的制作，主要有顶棚的凹槽制作与各种灯具模型的布置。

步骤 01 结合使用【卷尺】、【圆弧】以及【推/拉】等工具，制作好客厅的顶棚层级，如图

11-186 与图 11-187 所示。

步骤 02 由于本场景大部分的顶棚高度为 2760，因此对应的整体向下推拉 100mm，如图 11-188 所示。

图 11-186　绘制顶棚辅助线　　　图 11-187　向下推出客厅顶棚层级　　图 11-188　整体向下推拉 100mm

步骤 03 使用类似方法制作好过道以及餐厅处的顶棚层级，如图 11-189~图 11-191 所示。

图 11-189　制作出风口凹槽　　　图 11-190　绘制餐厅处顶棚辅助线　　　图 11-191　向上拉高 100mm

步骤 04 顶棚层级完成后，通过【组件】面板，制作好各个空间对应的灯具效果，如图 11-192~图 11-194 所示。

图 11-192　合并客厅灯具　　　图 11-193　复制过道处筒灯　　　图 11-194　合并餐厅处灯具

163 完成最终效果

文件路径: 无	视频文件: 无

　　空间的顶棚造型与灯具效果完成后，接下来设定观察角度，然后根据具体的观察效果制作相关细节，完成最终效果。

1. 创建观察角度

步骤 01 执行【相机】/【透视显示】菜单命令，如图 11-195 所示。

步骤 02 通过视图【平移】与【缩放】，调整到合适的观察角度，如图 11-196 所示。

步骤 03 新建【场景】，保存当前的视图为"客厅视角"，如图 11-197 所示。接下来根据该视图观察效果，制作添加相关细节。

图 11-195　调整为透视显示　　　图 11-196　调整好观察视角　　　图 11-197　新建场景保存视角

2. 布置细节装饰

步骤 01 在确定了观察视角后，对观察到的贴图、模型以及结构细节进行补充，如图 11-198~图 11-200 所示。

图 11-198　调整贴图效果　　　图 11-199　添加装饰模型组件　　　图 11-200　添加可见结构细节

步骤 02 通过以上方法制作好相关的细节效果后，场景的整体效果如图 11-201 所示。

图 11-201　客厅模型完成效果

11.3 SketchUp 方案 V-Ray 渲染

在本节中将学习使用 V-Ray 渲染器进行场景渲染的方法，案例的制作流程大致如图 11-202~图 11-205 所示。

图 11-202　匹配相机

图 11-203　布置场景灯光

图 11-204　细调材质

图 11-205　最终渲染

164 匹配相机

文件路径：配套资源\第 11 章\154	视频文件：无

如果 SketchUp 场景的显示比例不谐调，渲染出的图像构图也不会理想，本例学习调整场景显示，并匹配一个理想图像构图的方法。

步骤 01 打开上一节创建的室内模型，正确加载 V-Ray 渲染器，单击【开始渲染】按钮测试当前图像构图，如图 11-206 与图 11-207 所示。

步骤 02 根据当前测试渲染图像，调整 SketchUp 的界面，如图 11-208 所示。

步骤 03 进入【V-Ray 渲染设置面板】，在【输出】卷展栏取消【覆盖视图】复选框的勾选，如图 11-209 所示。

步骤 04 再次进行测试渲染，可以看到调整后的图像构图比较理想，如图 11-210 所示。

图 11-206　场景打开视角效果

图 11-207　默认视角渲染效果

图 11-208　调整 SketchUp 窗口

图 11-209　取消覆盖视图

图 11-210　测试渲染效果

步骤 05 参考渲染窗口显示的像素，在【输出】卷展栏中设定同样的数值，锁定比例后再设置好较小的测试渲染图像尺寸，如图 11-211 与图 11-212 所示。

步骤 06 设置好测试渲染图像尺寸后，再次渲染以确定调整效果，如图 11-213 所示。

图 11-211　输入视图数值并锁定
　　　　　　比例

图 11-212　调整测试渲染比例

图 11-213　测试渲染效果

→提示

　　单击 Output【输出】卷展栏中的 Get view aspect【获取视图纵横比】按钮，可以快速获得视图像素大小。

165 布置场景灯光

文件路径：无	视频文件：无

　　匹配好相机，并设置好测试渲染尺寸后，接下来即可布置场景灯光。

1. 设置测试渲染参数

步骤 01 为了快速得到灯光的测试渲染效果，进入【V-Ray 渲染设置面板】设置测试渲染参数，首先进入【全局开关】卷展栏，设置参数如图 11-214 所示。

步骤 02 进入【图像采样器】卷展栏，设置图像采样器为【固定比率】，然后取消抗锯齿过滤器，如图 11-215 所示。

图 11-214　设置全局开关卷展栏参数

图 11-215　设置图像采样器卷展栏参数

步骤 03 进入【间接照明】卷展栏，设置参数如图 11-216 所示。

步骤 04 逐步进入【发光贴图】与【灯光缓存】卷展栏，设置参数如图 11-217 与图 11-218 所示。

图 11-216　设置间接照明卷展栏参数

图 11-217　设置发光贴图卷展栏参数

图 11-218　设置灯光缓存卷展栏参数

2. 关联 SketchUp 阴影与 V-Ray 阳光

步骤 01 进入【阴影设置】面板，参考视图调整场景的显示光影，然后单击【开始渲染】按钮进行效果的测试，如图 11-219~图 11-221 所示。

图 11-219　参考视图调整阴影　　　图 11-220　调整阴影设置参数　　　图 11-221　测试渲染效果

步骤 02 观察渲染结果，可以发现阳光在场景中产生了理想的投影效果，但光线的亮度过强，接下来通过关联【全局照明（天光）】调整亮度。

步骤 03 进入【环境】卷展栏，单击【全局照明（天光）】后的 "M" 按钮，选择【Texsky】贴图并调整其【天空亮度】数值为 0.3，如图 11-222~图 11-223 所示。

步骤 04 再次单击【开始渲染】按钮，进行测试渲染，可以看到阳光的强度弱化了一些，如图 11-224 所示。

图 11-222　单击进全局照明贴　　　图 11-223　调整天空亮度　　　图 11-224　调整后的测试渲染效果
　　　　　　图通道

3.　布置室外环境光

步骤 01 将视图切换至【右视图】，并调整为【平行投影】显示，如图 11-225 所示。

步骤 02 单击【面光源】创建按钮，参考门洞大小创建一片面光源，如图 11-226 所示。

步骤 03 调整好灯光位置后，选择灯光，通过右键快捷菜单，进入【V-Ray 光源编辑器】面板，设置好灯光颜色与亮度，如图 11-227~图 11-228 所示。

步骤 04 为了避免创建的光源对室外阳光投影产生影响，进入【图元信息】面板取消【投射阴影】复选框勾选，如图 11-229 所示。

步骤 05 单击【开始渲染】按钮进行测试渲染，效果如图 11-230 所示。接下来布置客厅灯光。

4.　布置客厅灯光

步骤 01 将视图切换至【俯视图】，并调整为【线框显示】，然后在吊灯位置创建一盏【面光源】，如图 11-231 所示。

步骤 02 在【前视图】中调整好灯光高度，然后进入【V-Ray 光源编辑器】面板，设置好颜色与亮度，如图 11-232 与图 11-233 所示。

步骤 03 返回匹配好的视图进行测试渲染，渲染效果如图 11-234 所示。接下来进行光域网

（IES）光源的布置。

图 11-225　调整右视图

图 11-226　创建面光源

图 11-227　进入【V-Ray 光源编辑器】面板

图 11-228　调整灯光颜色与亮度

图 11-229　取消投射阴影

图 11-230　测试渲染结果

图 11-231　创建面光源

图 11-232　调整灯光高度

图 11-233　设置灯光参数

步骤 04 切换至【右视图】，单击【光域网（IES）光源】灯光创建，在灯具附近创建一盏灯光，然后进入【俯视图】调整好灯光位置，如图 11-235 与图 11-236 所示。

图 11-234　测试渲染结果

图 11-235　创建光域网（IES）光源

图 11-236　在顶视中调整位置

步骤 05 进入【V-Ray 光源编辑器】面板，加载光域网文件，再设置灯光颜色与功率，如图 11-237 所示。

步骤 06 复制调整好的光域网（IES）光源至另外两盏灯具处，然后返回匹配视图进行测试渲染，如图 11-238 与图 11-239 所示。

图 11-237　光域网（IES）光源参数　　图 11-238　复制左侧光域网　　　图 11-239　测试渲染结果
　　　　　　　　设置　　　　　　　　　　　　　　（IES）光源

步骤 07 通过测试渲染，确定光域网（IES）光源产生的效果，再进入【俯视图】，复制出客厅其他位置的灯光，如图 11-240 所示。

步骤 08 复制完成后返回匹配视图进行测试渲染，渲染结果如图 11-241 所示。

5. 布置餐厅灯光

步骤 01 在【透视图】中调整至餐厅灯槽位置，捕捉边界创建【面光源】，如图 11-242 所示。

图 11-240　复制光域网（IES）光源　　图 11-241　测试渲染结果　　　　　图 11-242　创建灯带

步骤 02 设置灯光颜色与亮度，然后旋转出一定的角度，如图 11-243 与图 11-244 所示。

图 11-243　餐厅灯带参数设置　　　图 11-244　旋转灯带　　　　　　　图 11-245　复制灯带

步骤 03 通过旋转复制，制作另外两侧灯光，然后通过缩放，调整灯光长度，如图 11-245 与

图 11-246 所示。

步骤 04 返回匹配视图进行测试渲染，渲染结果如图 11-247 所示。

步骤 05 复制客厅中布置的光域网（IES）光源至餐厅空间内，如图 11-248 所示。

图 11-246　餐厅灯槽完成效果　　　图 11-247　测试渲染效果　　　图 11-248　复制餐厅光域网
（IES）光源

步骤 06 返回匹配视图进行测试渲染，渲染结果如图 11-249 所示。至此，场景的灯光布置完成，接下来进行场景材质的调整。

166 调整场景材质

✉ 文件路径: 无	◎ 视频文件: 无

在 SketchUp 中建立空间模型时，已经制作好了材质基本贴图和色彩效果，因此在进行 V-Ray 渲染时，通常只需要添加反射、折射以及凸凹等细节。

1. 调整地砖材质

步骤 01 本实例按照如图 11-250 所示的编号顺序，逐个调整场景的材质。

图 11-249　测试渲染效果　　　　　　　　图 11-250　场景材质设置顺序

步骤 02 打开 SketchUp【材质】面板，吸取地砖材质，以拼音重命名，进入【V-Ray 光源编辑器】面板，如图 11-251 所示。

步骤 03 在自动选择的材质上单击鼠标右键，添加【反射】层，如图 11-252 所示。

步骤 **04** 在反射层中添加衰减反射，然后调整光泽度中【高光】数值为 0.9，完成地砖材质反射细节的调整，如图 11-253 与图 11-254 所示。

图 11-251 吸取并重命名地砖材质　　图 11-252 添加反射层　　图 11-253 添加衰减细节

2. 调整木纹材质

步骤 **01** 打开 SketchUp【材料】面板，吸取到木纹材质，以拼音重命名，进入【V-Ray 光源编辑器】面板，如图 11-255 所示。

图 11-254 地砖材质完成效果　　图 11-255 吸取并重命名木纹

步骤 **02** 为其添加【反射】层，并调整出衰减反射细节，如图 11-256 与图 11-257 所示。

图 11-256 添加衰减反射　　图 11-257 调整衰减反射细节

步骤 **03** 进入【贴图】卷展栏，添中凸凹贴图，完成木纹材质表面细节的调整，如图 11-258 与图 11-259 所示。

图 11-258　添加凸凹细节

图 11-259　木纹材质完成效果

3. 调整清玻璃材质

步骤 01 打开 SketchUp【材料】面板，吸取到清玻璃材质，以拼音重命名，进入【V-Ray 光源编辑器】面板，如图 11-260 所示。

步骤 02 首先添加【反射】层，并调整出衰减细节，调整光泽度中【高光】数值为 0.9，如图 11-261 所示。

步骤 03 继续添加【折射】层，调整好光泽度等细节，如图 11-262 所示。

图 11-260　吸取并重命名　　图 11-261　添加衰减反射细节　　图 11-262　添加折射、光泽度等细节

4. 调整磨砂玻璃

步骤 01 打开 SketchUp【材料】面板，吸取到磨砂玻璃材质，以拼音重命名，进入【V-Ray 光源编辑器】面板，如图 11-263 所示。

步骤 02 添加【反射】层并调整出衰减细节，然后调整光泽度中【高光】数值为 0.7，如图 11-264 所示。

步骤 03 添加【折射】层，调整出较为透明的效果，然后调整【光泽度】数值同样为 0.7，调整好玻璃的磨砂质感，如图 11-265 所示。

图 11-263　吸取并重命名　　图 11-264　添加衰减反射细节　　图 11-265　添加光泽度折射细节

5. 调整不锈钢材质

步骤 01 打开 SketchUp【材料】面板，吸取到不锈钢材质，以拼音重命名，进入【V-Ray 光源编辑器】面板，如图 11-266 所示。

步骤 02 添加【反射】层，并调整出较强的反射能力，模拟不锈钢表面的反射细节效果，如图 11-267 与图 11-268 所示。

  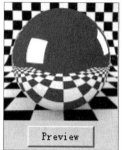

图 11-266　吸取并重命名不锈钢　　　图 11-267　添加反射细节　　　图 11-268　不锈钢材质效果

6. 调整大理石材质

步骤 01 打开 SketchUp【材料】面板，吸取到石材材质后，以拼音重命名该材质，进入【V-Ray 光源编辑器】面板，如图 11-269 所示。

步骤 02 为其添加【反射】层，并调整出衰减反射细节，然后设置光泽度中【高光】数值为 0.85，调整好材质表面的反射细节，如图 11-270 与图 11-271 所示。

图 11-269　吸取并重命名材质　　　图 11-270　添加衰减反射细节　　　图 11-271　大理石材质效果

7. 调整沙发皮纹材质

步骤 01 打开 SketchUp【材料】面板，吸取到沙发皮纹材质，以拼音重命名，进入【V-Ray 光源编辑器】面板，如图 11-272 所示。

步骤 02 首先为其添加【反射层】，并调整出衰减反射细节，然后调整光泽度中【高光】数值为 0.5，如图 11-273 所示。

步骤 03 进入【贴图】卷展栏，添加凸凹贴图，完成皮纹材质表面细节的调整，如图 11-274 所示。

图 11-272　吸取并重命名材质　　图 11-273　添加衰减反射细节　　图 11-274　添加凸凹细节

167 最终渲染

📧 文件路径：无	◎ 视频文件：无

　　场景材质细节调整完成后，接下来将根据场景的渲染效果调整灯光与材质细节，最后设置最终渲染参数，渲染出最终图像。

1. 调整灯光细节

步骤 01 由于场景的反射与折射细节都将影响灯光效果，因此首先开启材质的反射/折射以及光泽效果，如图 11-275 所示。

步骤 02 单击【开始渲染】按钮进行测试渲染，渲染结果如图 11-276 所示。

图 11-275　开启折射/反射与模糊反射　　　　　图 11-276　测试渲染效果

步骤 03 观察此时的图像，可以发现场景室内外灯光对比不够，因此加强天空亮度与模拟室外环境光的面光源强度，如图 11-277 与图 11-278 所示。

图 11-277　调整天空亮度　　　　　图 11-278　调整面光源

步骤 04 灯光参数调整完成后，再次进行测试渲染，渲染结果如图 11-279 所示。接下来调整材质与灯光细分，处理好渲染图像中光斑、噪点等品质问题。

图 11-279　调整后的测试渲染效果

2．调整材质细分

步骤 01 材质的细分调整主要有反射与折射两种，如图 11-280 与图 11-281 所示。细分越高，所表现出的反射或折射效果越细腻，所耗费的计算时间也越多。

步骤 02 根据以上分析，特别将场景中地砖材质、木纹材质以及沙发皮纹材质的细分提高至 24，其他讲解过调整过程的材质细分则调整至 16~20。

图 11-280　调整反射细分值

图 11-281　调整折射细分值

3．调整灯光细分

步骤 01 灯光的细分同样将影响效果与耗时，细分越高灯光效果越细致，所耗费的计算时间也越多。

步骤 02 根据各灯光的作用和照射范围，将阴影细分以及采样中光子细分提高至 24，其他灯光的细分则统一提高至 20，如图 11-282~图 11-284 所示。

图 11-282　调整太阳光细分

图 11-283　调整矩形灯光细分

4．调整最终渲染参数

步骤 01 进入【输出】卷展栏，调整最终图像尺寸为 1600mm×1057mm，如图 11-285 所示。

图 11-284　调整 IES 灯光细分

图 11-285　设定最终渲染图像尺寸

步骤 02 进入【图像采样器】卷展栏，设置图像采样器为【自适应确定性蒙特卡罗】，然后调整抗锯齿过滤器 Catmull Rom，如图 11-286 所示。

步骤 03 逐步进入【发光贴图】与【灯光缓存】卷展栏，提高采样参数，如图 11-287 与图 11-288 所示。

图 11-286　调整图像采样器参数

图 11-287　调整发光贴图参数

步骤 04 进入 DMC（确定性蒙特卡罗）采样器卷展栏，整体提高采样精度，如图 11-289 所示。

图 11-288　调整灯光缓存参数

图 11-289　调整 DMC 采样器参数

步骤 05 最终渲染参数设置完成后，单击【开始渲染】按钮进行最终渲染，经过较长时间的计算，最终渲染效果如图 11-290 所示。

图 11-290　最终渲染效果

11.4 制作室内漫游动画

在 SketchUp 中，通过【漫游】工具以及【场景】面板的分段保存，可以快速制作出漫游动画，渲染输出后，可以通过播放器直接进行浏览，省去与客户交流的诸多限制，其大致制作过程如图 11-291~图 11-294 所示。

图 11-291　拟定路径

图 11-292　创建漫游效果

图 11-293　预览效果

图 11-294　输出效果

168 拟定漫游路线

📧 文件路径：配套资源\第 11 章\168	◎ 视频文件：视频\第 11 章\168.MP4

制作室内漫游动画，应首先根据场景布局与特点，拟定漫游路径，将使后面的工作变得有的放矢，以起到事半功倍的效果。

步骤 01 打开配套资源"第 11 章|漫游场景.skp"文件，选择隐藏屋顶，以观察其内部布局，如图 11-295~图 11-297 所示。

步骤 02 平移至空间的客厅、餐厅以及卧室等处，可以看到其制作了相当精细的模型细节，如图 11-298 与图 11-299 所示。

步骤 03 根据场景模型的特点，本例拟定了从入户门开始，经过客厅、餐厅、书房以及主卧室的漫游路径，如图 11-300 中红色箭头所示，接下来创建漫游动画。

图 11-295　打开场景

图 11-296　隐藏屋顶

图 11-297　空间整体效果

图 11-298　客厅细节效果

图 11-299　餐厅细节效果

图 11-300　漫游路线

169 创建漫游效果

文件路径：无	视频文件：视频\第 11 章\169.MP4

拟定好漫游路线后，在 SketchUp 中只需要通过【漫游】工具与【场景管理】即可设定出漫游动画效果。

步骤01 首先通过【旋转】与【推/拉】工具，处理好漫游路线上门页的状态，如图 11-301~图 11-303 所示。

图 11-301　旋转入户门

图 11-302　打开推拉门

图 11-303　旋转卧室门

步骤02 在【透视图】中调整好漫游起始位置，再通过【场景】面板将新建【初始位置】场景效果进行保存，如图 11-304 与图 11-305 所示。

步骤03 单击【漫游】工具按钮，待光标变成 👣 状后，按住鼠标左键推动使其向室内前进，如图 11-306 所示。

图 11-304　调整漫游起点　　　　图 11-305　新建场景进行保存　　　　图 11-306　向室内前进

步骤 04 通过入户门后向左拖动鼠标进行转向，当观察到客厅空间后，松开鼠标新建【客厅位置】场景进行保存，如图 11-307~图 11-309 所示。

图 11-307　进入室内　　　　图 11-308　在室内前进　　　　图 11-309　向左观察客厅并新建场景

步骤 05 按住鼠标左键继续推动鼠标，漫游至客厅窗户位置，松开鼠标新建【客厅细节】场景，保存该段漫游效果，如图 11-310 所示。

步骤 06 按住鼠标左键向右推动鼠标进行转向，转向完成后，推动鼠标漫游至书房入口处后，松开鼠标新建【书房位置】场景，保存该段漫游效果，如图 11-311 与图 11-312 所示。

图 11-310　向前观察客厅并新建场景　　　　　　图 11-311　向后转向观察餐厅

步骤 07 按住鼠标左键向前推动鼠标，直到观察到书架细节，然后新建【书房细节】场景保存该段动画，如图 11-313 所示。

步骤 08 按住鼠标左键向后推动退出书房，向左旋转直到观察至卫生间门，新建【过道位置】场景保存该段动画，如图 11-314 所示。

步骤 09 按住鼠标继续向左旋转同时前进，通过卧室门后新建【卧室位置】场景，保存该段动画，如图 11-315 所示。

步骤 10 按住鼠标前进至卧室飘窗前，新建【卧室细节】场景保存该段动画，如图 11-316 所示。

图 11-312　漫游至书房并新建　　图 11-313　观察书架并新建场景　　图 11-314　退出书房并新建场景
　　　　　　场景

步骤 ⑪ 按住鼠标继续向右旋转，直到观察到后方的衣柜，新建【最终位置】场景保存该段
动画，如图 11-317 与图 11-318 所示。

图 11-315　进入卧室并新建场景　　　　　图 11-316　漫游至卧室窗户新建场景

图 11-317　向后转向　　　　　　　　　　图 11-318　完成漫游并新建场景

170 预览并输出漫游动画

✉ 文件路径：无	◎ 视频文件：视频\第 11 章\170.MP4

　　漫游设置完成后，首先可以通过预览确定其效果，然后通过【导出】菜单命令，生成 AVI
格式的动画，以便于效果的观察。

步骤 ⑴ 执行【窗口】/【模型信息】菜单命令，调整【模型信息】面板中【动画】选项卡参
数，如图 11-319 与图 11-320 所示。

步骤 ⑵ 在场景名称上单击鼠标右键，选择【播放动画】菜单命令，直接在 SketchUp 中进行
效果的预览，如图 11-321 所示。

步骤 ⑶ 单击【播放】按钮，经过数秒等待即可播放预览动画，如图 11-322~图 11-325 所示。

图 11-319 执行【模型信息】命令　　图 11-320 设定动画选项卡　　图 11-321 播放动画预览

图 11-322 预览过程 1　　　　　　　　　图 11-323 预览过程 2

图 11-324 预览过程 3　　　　　　　　　图 11-325 预览过程 4

步骤 04 确定好预览效果后，执行【文件】/【导出】/【动画】/【视频】菜单命令，在弹出的【输出动画】面板设置选项参数，如图 11-326 所示。

步骤 05 单击【导出】按钮输出动画视频，如图 11-327 所示。

图 11-326 设置动画导出选项　　　　　　图 11-327 动画导出进程面板

步骤 06 输出完成后，通过播放器即可进行动画效果的观赏，如图 11-328 所示。

图 11-328　漫游动画播放效果

→ 提 示

【分辨率设置】：视频的分辨率数值越高，输入的动画图像越清晰，所需要的输出时间与占用的储存空间也越多。

【图像长宽比】：常用的分辨率比例 4∶3 与 16∶9，其中 16∶9 是现代宽屏比例，有着更好的视觉观赏效果。

【帧速率】：常用的帧数设置为 25 帧/秒与 30 帧/秒，前者为国内 PAL 制式标准，后者则为美制 NTSC 标注。

【抗锯齿渲染】：勾选该参数后视频图像更为光滑，可以减少图像中的锯齿、闪烁、虚化等品质问题。

第12章
景观园林设计

　　本章通过屋顶花园与校园中心广场两个园林设计案例，学习景观园林模型的创建方法与技巧，案例完成的效果如图 12-1~图 12-5 所示。

图 12-1　屋顶花园景观方案

图 12-2　校园中心广场方案

图 12-3　广场入口节点效果

图 12-4　休闲广场节点效果

图 12-5　廊桥水景节点效果

12.1 屋顶花园景观设计

　　本节学习屋顶花园景观方案的制作方法，主要通过参考平面布置彩图，制作出详细的方案效果，制作流程如图 12-6~图 12-9 所示。

图 12-6　导入匹配图片

图 12-7　建立建筑轮廓

图 12-8　建筑细节

图 12-9　完成环境效果

171 导入图纸并分析建模思路

文件路径: 配套资源\第 12 章\171　　　　　　视频文件: 视频\第 12 章\171.MP4

本例首先导入 JPG 格式的平面彩图，做为建模参考，然后根据图纸的特点确立完整的建模思路。

步骤 01 打开 SketchUp，执行【窗口】/【模型信息】命令，在【单位】选项卡内设置模型单位为"mm"，如图 12-10 所示。

步骤 02 执行【文件】/【导入】菜单命令，在【导入】面板中选择配套资源中的"屋顶花园底图.jpg"文件，以图片导入，如图 12-11 所示。

图 12-10　设置模型单位

图 12-11　选择并作为图片导入

步骤 03 导入图片后，将图片左下角与原点对齐，如图 12-12 所示。接下来调整图片尺寸。

图 12-12　导入屋顶花园底图

图 12-13　测量双开门宽度

步骤 04 启用【卷尺】工具，测量图纸中花园入口处双开门的宽度，然后输入 1600mm 的标准长度并确定重置，如图 12-13 和图 12-14 所示。

步骤 05 屋顶花园从上至下可分为：入口小广场、停留小广场、中庭活动广场以及休憩景观小广场四个部分，如图 12-15 所示。根据该屋顶花园布局特点，确立模型的创建思路如下：

- 参考图纸逐步建立入口小广场、停留小广场、中庭活动广场以及休憩景观小广场四个部分的景观细节。

- 屋顶花园整体模型建立完成后，再创建出周边楼层的简模，然后合并入植物、人物等模型，完成最终效果。

图 12-14 重置双开门宽度

图 12-15 屋顶花园竖向区域分布

172 建立入口小广场

文件路径：无	视频文件：视频\第 12 章\172.MP4

入口小广场主要有入口小片墙、树池列阵以及端点小雕塑等景观，本例将详细介绍相关模型的创建方法。

步骤 01 切换至【俯视图】，参考图纸结合使用【直线】工具，创建小广场平面轮廓，如图12-16 所示。

步骤 02 切换至 X 光透视模式显示，使用【矩形】工具参考图纸分割小广场各处细节，如图12-17 所示。

步骤 03 结合使用【偏移】与【推/拉】工具，制作好路沿细节并赋予对应材质，如图 12-18与图 12-19 所示。

图 12-16 创建入口小广场平面

图 12-17 细分入口小广场

图 12-18 制作路沿细节

→提示

在只有平面图纸参考的条件下，可以利用 sketchUp 中的人物模型进行比例的参考。

步骤 04 参考图纸，结合使用【推/拉】与【偏移】工具，制作入口处的树池模型，如图 12-20

与图 12-21 所示。

图 12-19　推拉路沿高度并赋予　　图 12-20　推拉入口树池轮廓　　图 12-21　制作树池并赋予材质
　　　　　　材质

步骤 05 参考图纸，结合使用【推/拉】、【矩形】、【圆弧】及【偏移】工具，制作入口处片墙模型并赋予对应材质，如图 12-22 与图 12-23 所示。

步骤 06 参考图纸，使用【推/拉】工具制作汀步与相关草地细节，并赋予对应材质，如图 12-24 所示。

图 12-22　推拉小片墙轮廓　　图 12-23　制作小片墙并赋予材质　　图 12-24　制作汀步细节

步骤 07 参考图纸，结合使用【推/拉】与【偏移】工具，制作出休息凳模型并赋予材质，如图 12-25~图 12-27 所示。

图 12-25　制作休息凳轮廓　　图 12-26　制作细节并赋予材质　　图 12-27　休息凳完成效果

步骤 08 通过类似操作，制作小广场树池、雕塑以及彩色树池等模型，如图 12-28 和图 12-29 所示，制作完成的小广场模型效果如图 12-30 所示。

图 12-28　制作树池

图 12-29　制作小雕塑

图 12-30　小广场模型完成效果

173 细化停留小广场

| 📨 文件路径: 无 | ◎ 视频文件: 视频\第 12 章\173.MP4 |

入口小广场制作完成后，制作停留小广场，该区域主要有文化墙以及花池等细节，在制作的过程中，注意与入口小广场衔接效果的处理。

步骤 01 参考图片，结合使用【直线】与【矩形】工具，细化制作出停留小广场内模型的平面细节，如图 12-31~图 12-33 所示。

图 12-31　绘制停留小广场矩形

图 12-32　分割内部平面

图 12-33　分割细部面

步骤 02 复制过道左侧，制作树池与小片墙，然后通过镜像调整朝向并对位，如图 12-34 所示。

步骤 03 参考图片，结合使用【偏移】与【推/拉】工具，制作花坛模型，如图 12-35 所示。

步骤 04 参考图片，结合使用【推/拉】、【卷尺】及【偏移】工具，制作文化墙模型，如图 12-36~图 12-38 所示。

步骤 05 启用【推/拉】工具，将停留小广场整体向下推入 300mm，制作出高低落差，如图 12-39 所示。

步骤 06 参考图片，结合使用【直线】与【推/拉】工具，分割制作左右两侧的斜坡并赋予花丛材质，如图 12-40 与图 12-41 所示。

步骤 07 参考图纸，使用【推/拉】工具制作入口小广场与停留小广场衔接处的台阶模型，如图 12-42 所示。

步骤 08 赋予中心平面石材，并调整 45°拼贴效果，如图 12-43 所示。

步骤 09 参考图纸，结合使用【偏移】与【推/拉】工具，制作下方的木座凳与汀步模型，完成停留小广场模型效果，如图 12-44 所示。

图 12-34 复制并镜像入口小片墙

图 12-35 制作花坛细节

图 12-36 制作文化墙轮廓

图 12-37 分割文化墙平面

图 12-38 文化墙完成效果

图 12-39 向下推拉 300mm 厚度

图 12-40 制作斜坡处花丛

图 12-41 制作右侧斜坡及花丛

图 12-42 制作衔接台阶

图 12-43 赋予中心广场斜拼石材

图 12-44 完成整体效果

174 细化中庭活动广场

文件路径：无	视频文件：视频\第 12 章\174.MP4

　　本例制作中庭活动广场，该区域主要有右侧的花钵与左侧的跌级水景，接下来学习其具体的制作方法。

步骤 01 选择参考底图，对齐至最低平面，以便于观察与捕捉，然后结合使用【直线】与【矩形】工具分割出区域平面，如图 12-45~图 12-47 所示。

图 12-45　对齐参考底图至最低平面　　　图 12-46　创建中庭活动广场平面　　　图 12-47　分割区域平面

步骤 02 参考图纸，使用【直线】与【推/拉】工具，制作右侧花坛细节并赋予花丛材质，如图 12-48 与图 12-49 所示。

步骤 03 打开【组件】面板，合并花钵模型组件，然后赋予其下方的地面鹅卵石材质，如图 12-50 与图 12-51 所示。

图 12-48　分割花丛平面　　　　　图 12-49　制作花坛细节　　　　　图 12-50　合并花钵模型

步骤 04 赋予中庭广场地砖材质，如图 12-52 所示。接下来制作右侧的跌级水景细节，首先分割跌级水景细节面，如图 12-53 所示。

图 12-51　制作鹅卵石地面效果　　　图 12-52　赋予中庭广场地砖　　　图 12-53　分割跌级水景细节面

步骤 05 使用【推/拉】工具制作出跌级模型，并赋予瓷砖材质，然后制作好喷水孔等细节，如图 12-54 与图 12-55 所示。

步骤 06 结合使用【直线】、【圆弧】以及【偏移】工具，制作出跌级处的水流细节，然后通过复制与缩放完成整体效果，如图 12-56 与图 12-57 所示。

图 12-54 推拉跌级并赋予石材

图 12-55 制作喷水孔等细节

图 12-56 制作水流

步骤 07 打开【组件】面板，合并喷泉水柱与雕塑模型，复制并对位后完成中庭广场效果，如图 12-58 与图 12-59 所示。

图 12-57 复制并调整水流

图 12-58 合并水柱及雕塑

图 12-59 中庭广场完成效果

175 细化休憩景观小广场

文件路径：无	视频文件：视频\第 12 章\175.MP4

本例制作休憩小广场模型，主要有较为复杂的汀步及石块景观，接下来学习其制作方法。

步骤 01 参考图片，启用【直线】工具，分割出休憩小广场的区域平面，如图 12-60 所示。

步骤 02 参考图片，启用【矩形】工具，分割出入口处的汀步平面，如图 12-61 所示。

图 12-60 分割休憩小广场平面区域

图 12-61 分割汀步平面

步骤 03 结合使用【偏移】与【推/拉】工具，制作出汀步细节，然后赋予石料与草皮材质，如图 12-62 所示。

步骤 04 参考图片，制作汀步两侧的草地与路沿，如图 12-63 所示。

步骤 05 结合使用【直线】与【推/拉】工具，制作石块造型并赋予材质，如图 12-64 与图 12-65 所示。

图 12-62　制作汀步效果

图 12-63　制作草地效果

图 12-64　推拉出石块轮廓

步骤 06 参考图片，使用同样的方法，制作过道、汀步以及休息长凳等模型，如图 12-66~图 12-68 所示。

图 12-65　细化石块造型

图 12-66　制作过道

图 12-67　制作汀步

步骤 07 屋顶花园景观模型制作完成，当前的效果如图 12-69 所示。接下来制作周边建筑，并合并树木、人物等组合，完成最终效果。

图 12-68　制作休息长凳

图 12-69　屋顶花园景观完成效果

176 完成最终细节

文件路径：无	视频文件：视频\第 12 章\176.MP4

本例首先创建周边楼层简化模型，然后合并植物、人物等模型，丰富场景层次。

1. 创建周边楼层简模

步骤 01 参考图片，使用【直线】工具绘制周边建筑平面，细化出门窗等平面细节，如图 12-70 所示。

步骤 02 进行封面与推拉，完成三维造型，如图 12-71 与图 12-72 所示。

图 12-70　绘制建筑平面　　　图 12-71　制作右侧建筑简模　　　图 12-72　制作左侧建筑简模

2. 添加植物与人物

步骤 01 打开【组件】面板，参考底图植被的分布，合并入树木以及灌木等组件模型，如图 12-73~图 12-75 所示。

图 12-73　合并树木　　　图 12-74　合并灌木与花草　　　图 12-75　合并灌木

步骤 02 整体植被效果如图 12-76 所示，继续合并休闲桌椅以及人物等细节模型，如图 12-77 与图 12-78 所示。

图 12-76　植被完成效果　　　　　　图 12-77　合并休闲桌椅

步骤 03 参考整体效果，调整植被及人物位置细节，完成最终效果如图 12-79 所示。

图 12-78　合并人物　　　　　　　　　　　　图 12-79　屋顶花园最终效果

12.2 校区中心广场方案

校园中心广场制作过程如图 12-80~图 12-85 所示。

图 12-80　整理 AutoCAD 图纸　　　　图 12-81　细化水景广场　　　　图 12-82　细化休闲广场

图 12-83　细化廊桥水景　　　　图 12-84　完善地形与建筑　　　　图 12-85　整体鸟瞰效果

177 整理 CAD 图纸并分析建模思路

文件路径：配套资源\第 12 章\177　　　　　　视频文件：无

本例简化用于建模参考的 AutoCAD 图纸，同时根据图纸特点分析建模思路。

步骤 01 启动 AutoCAD，打开配套资源"第 12 章|中心广场方案.dwg"图形，删除右侧灌木布置图形，保留左侧图形，如图 12-86 与图 12-87 所示。

图 12-86 打开中心广场方案图纸　　　图 12-87 保留左侧图形　　　图 12-88 关闭多余图层

步骤 02 分别选择轴线、文字等图层，进入【图层管理器】，关闭这些与建模无关的图层，如图 12-88 所示。

步骤 03 由于中心广场呈左右对称，因此可以选择删除左侧或右侧重复的植物图形元素，如图 12-89 所示。

步骤 04 图纸简化完成后，按下 Ctlr+Shift+S 组合键将其另存，如图 12-90 与图 12-91 所示。

图 12-89 删除左侧重复图元　　　图 12-90 图纸简化效果　　　图 12-91 另存图纸

步骤 05 根据该方案竖向布局以及左右对称的特点，确立本例模型建立思路如下：

　　📖　参考图纸，逐步建立入口及水景广场、休闲广场以及廊桥水景广场，如图 12-92~图 12-94 所示。

图 12-92 入口及水景广场　　　图 12-93 休闲广场　　　图 12-94 廊桥水景广场

　　📖　由于图纸左右对称，在建模的过程中注意使用复制与镜像功能，加快建模效率。

　　📖　中心景观模型完成后，参考图纸完善地形与建筑效果，然后仔细处理好主要景观节点的效果，如图 12-95~图 12-97 所示。

图 12-95　入口及水景广场节点 效果 　　图 12-96　休闲广场节点效果 　　图 12-97　廊桥水景广场节点效果

178 建立水景广场

📧 文件路径：无	◎ 视频文件：无

本例建立中心广场入口与水景广场模型，在模型的建立过程中，注意复制与镜像功能的灵活使用。

1.　建立广场主入口

步骤 01 打开 SketchUp，进入【模型信息】面板，设置模型单位为 mm，导入上一节整理并保存的 CAD 图纸，如图 12-98 与图 12-99 所示。

图 12-98　设置模型单位为 mm 　　　　　　　　图 12-99　设置并导入图纸

步骤 02 图纸导入完成后，使用【尺寸】工具测量台阶的宽度，并对比原始 CAD 图纸，确认图纸尺寸正确，如图 12-100~图 12-102 所示。

图 12-100　图纸导入完成效果 　　图 12-101　测量导入图纸台阶宽度 　　图 12-102　对比原 AutoCAD 图纸

步骤 03 参考图纸，结合使用【直线】、【圆弧】工具创建入口处左侧的封闭平面，然后通过复制与镜像，制作整个入口平面，如图 12-103~图 12-105 所示。

图 12-103　捕捉绘制入口封闭平面　图 12-104　复制出右侧对称平面　　图 12-105　镜像并对位右侧平面

步骤 04 参考图纸细分割入口平面，然后根据 AutoCAD 图纸中水池周围的标高，创建半圆形水面等细节，如图 12-106~图 12-108 所示。

图 12-106　细分割入口平面　　图 12-107　CAD 图纸水池标高　　图 12-108　建立半圆形水面

步骤 05 参考图纸，结合使用【圆】与【推/拉】工具，制作水池中的喷泉陈列，如图 12-109~图 12-111 所示。

图 12-109　建立喷头　　　　图 12-110　移动复制喷头　　　图 12-111　阵列喷泉喷头

步骤 06 打开【组件】面板，合并 "造型喷泉" 模型，根据图纸调整造型大小并复制，如图 12-112 所示。

步骤 07 半圆形水池与喷泉制作完成后，参考图纸分割环境地面细节，然后赋予左侧路面与环状地面对应石材，如图 12-113~图 12-115 所示。

步骤 08 进入 AutoCAD 图纸【组】，直接通过椭圆花坛线形创建封闭平面，制作出造型细节并赋予材质，如图 12-116 与图 12-117 所示。

图 12-112　合并造型喷泉模型

图 12-113　分割环状地面细节

图 12-114　赋予左侧路面石材

图 12-115　赋予环状地面材质

图 12-116　创建椭圆花坛平面

图 12-117　完成花坛细节与材质

步骤 09 选择创建的椭圆形花坛，通过多重旋转复制，制作其他花坛造型，如图 12-118 所示。

步骤 10 参考图纸，结合使用【矩形】与【推/拉】工具，制作入口处树池并赋予材质，然后进行复制，如图 12-119 与图 12-120 所示。

图 12-118　多重旋转复制花坛

图 12-119　制作入口树池

图 12-120　参考图纸复制树池

步骤 11 参考 AutoCAD 图纸中台阶标高，使用【直线】与【推/拉】工具制作台阶整体轮廓，如图 12-121~图 12-123 所示。

图 12-121　观察台阶标高

图 12-122　创建第一级台阶轮廓

图 12-123　创建台阶整体轮廓

步骤⑫ 参考图纸分割出踏步与平台细节，然后赋予石材材质，完成左侧台阶的制作，如图 12-124 与图 12-125 所示。

步骤⑬ 参考图纸，制作中央叠水瀑布轮廓造型，使用模型交错制作出中间八字形的斜线细节，如图 12-126 与图 12-127 所示。

图 12-124　参考图纸分割台　　图 12-125　制作细节并赋予材质　　图 12-126　制作中央叠水瀑轮廓
　　　　　　阶细节

步骤⑭ 启用【直线】与【推/拉】工具，分别制作两侧与中央台阶细节，然后赋予石材材质，如图 12-128 与图 12-129 所示。

图 12-127　使用模型交错制　　图 12-128　制作两侧细节　　图 12-129　完成中心细节并赋予
　　　　　　作斜线　　　　　　　　　　　　　　　　　　　　　　　　　　　材质

步骤⑮ 结合图纸与当前的台阶造型，制作好中间衔接的草坡模型并赋予材质，如图 12-130 与图 12-131 所示。

步骤⑯ 左侧草坡制作完成后，通过复制与镜像，完成右侧台阶与草坡的制作，至此，广场入口模型制作完成，如图 12-132 所示。

图 12-130　制作草坡　　　　图 12-131　赋予草地材质　　图 12-132　入口模型完成效果

2．建立水景广场

步骤 01　参考图纸，结合使用【直线】与【矩形】工具，制作水景广场的细分割平面，如图 12-133 与图 12-134 所示。接下来进行三维造型的细化。

步骤 02　首先启用【推/拉】工具，制作外侧路沿后赋予材质，如图 12-135 所示。

图 12-133　创建水景广场平面

图 12-134　细分割水景广场平面

图 12-135　制作外侧路沿细节

步骤 03　复制入口处创建的树池，参考图纸调整其大小，再复制得到水景广场其他位置的树池，如图 12-136 与图 12-137 所示。

步骤 04　参考图纸赋予地面与草坪材质，如图 12-138 所示。接下来细化中央的水景广场。

图 12-136　复制并拉伸树池

图 12-137　参考图纸复制树池

图 12-138　赋予地面与草坪材质

步骤 05　参考 AutoCAD 图纸中的标高，使用推拉工具向上推出广场地面对应的高度，如图 12-139 与图 12-140 所示。

图 12-139　观察广场标高

图 12-140　向上推出对应高度

图 12-141　制作内部路沿细节

步骤 06　参考图纸，细化出广场外围的路沿、台阶、花坛以及水面与喷泉，如图 12-141~ 图 12-144 所示。

图 12-142　制作台阶细节

图 12-143　制作花坛细节

图 12-144　制作水面与喷头

步骤 07 参考图纸，分割出雕塑底座平面，然后结合【偏移】与【推/拉】工具，制作底座细节，如图 12-145 与图 12-146 所示。

步骤 08 打开【组件】面板，合并入雕塑模型，参考整体大小调整模型比例，完成水景广场模型的创建，如图 12-147 所示。

图 12-145　分割雕塑底座平面

图 12-146　制作雕塑底座细节

图 12-147　合并雕塑

179 建立休闲广场

文件路径：无	视频文件：无

本例创建休闲广场模型，在模型的创建过程中，注意前后模型的衔接处理以及从外向里逐步细化的方法与技巧。

步骤 01 参考图纸，创建休闲广场平面，细分割左侧平面后，通过复制与镜像，完成整体平面的细分割，如图 12-148~图 12-150 所示。

图 12-148　创建左侧细化平面

图 12-149　复制出右侧细化平面

图 12-150　镜像并对位右侧细化平面

步骤 02 逐步赋予草坪与路面对应材质，然后参考图纸复制树池模型，如图 12-151~图 12-153 所示。

图 12-151　赋予草坪材质

图 12-152　赋予地面材质

图 12-153　复制树池模型

步骤 03 参考图纸，处理好休闲广场与水景广场处衔接的细节，然后根据 CAD 图纸中的标高，制作台阶等模型细节，如图 12-154~图 12-156 所示。

图 12-154　调整衔接处细节

图 12-155　观察图纸标高

图 12-156　细化衔接处台阶

步骤 04 参考图纸制作左右两侧以及中心的树池模型，并赋予对应材质，如图 12-157 与图 12-158 所示。

步骤 05 根据 CAD 图纸中标高，参考合并图纸，制作休闲广场下行台阶以及花坛，如图 12-159 与图 12-160 所示。

图 12-157　细化左侧树池细节

图 12-158　细化中间及右侧树池

图 12-159　观察休闲广场标高

步骤 06 赋予休闲广场地花材质，并制作中心的圆形树池，如图 12-161 与图 12-162 所示。接下来细化廊桥水景。

图 12-160　制作好下行台阶与花坛

图 12-161　赋予广场地花

图 12-162　休闲广场完成效果

180 建立廊桥水景

文件路径: 无	视频文件: 无

　　本例将建立廊桥水景以及后方入口广场区域的模型，在创建的过程中，注意现有模型的复制调整与组件模型的调用，提高建模效率。

步骤 01 参考图纸，创建左侧细化的封闭平面，通过复制与镜像，制作整体的细分平面，如图 12-163~图 12-165 所示。

图 12-163　创建左侧细化封闭
平面

图 12-164　复制制作右侧平面

图 12-165　镜像并对位右侧平面

步骤 02 参考图纸，赋予地面与草坪对应材质，如图 12-166 与图 12-167 所示。

步骤 03 参考图纸制作中心树池与石凳，如图 12-168 所示。接下来细化廊桥水景。

图 12-166　赋予地面材质

图 12-167　赋予草坪材质

图 12-168　细化中心树池与石凳

步骤 04 参考图纸，结合使用【推/拉】与【偏移】工具，制作左侧水池、水面细节并赋予对应材质，如图 12-169~图 12-171 所示。

图 12-169　制作木桥左侧水　　图 12-170　制作水池深度　　图 12-171　向上移动复制制作水面
　　　　　　池轮廓　　　　　　　　　　　　　并赋予材质

步骤 05 使用相同的方法细化右侧水池，然后复制水面中的喷头模型，如图 12-172 所示。

步骤 06 参考图纸，结合使用【推/拉】与【偏移】工具制作木桥轮廓，然后赋予桥身材质，如图 12-173 与图 12-174 所示。

图 12-172　制作右侧水池并合并喷头　　图 12-173　制作木桥轮廓　　图 12-174　赋予桥身材质

步骤 07 使用【卷尺】、【直线】及【推/拉】工具，制作单个木桥栏杆，如图 12-175 与图 12-176 所示。

步骤 08 通过移动复制，完成两侧整体栏杆效果，如图 12-177 与图 12-178 所示。

图 12-175　制作栏杆轮廓　　图 12-176　细化栏杆造型　　图 12-177　复制栏杆

步骤 09 参考图纸，使用同样的方法，制作木桥后方的树池、路面以及半圆水池，如图 12-179 与图 12-180 所示。

图 12-178　木桥完成效果

图 12-179　制作木桥后方的树池与路面

图 12-180　制作半圆形水池

步骤 10 参考图纸制作双桥水池并复制喷头，如图 12-181~图 12-183 所示。

图 12-181　制作双桥处池底

图 12-182　制作双桥处水面

图 12-183　双桥池水面完成效果

步骤 11 进入【组件】面板，合并栏杆模型并复制出整体效果，然后制作末端的文化墙模型，完成双桥的整体效果，如图 12-184~图 12-186 所示。

图 12-184　合并并复制栏杆

图 12-185　制作末端背景墙

图 12-186　双桥整体完成效果

步骤 12 参考图纸制作后方入口小广场路面，然后合并装饰柱组件，完成后方入口小广场效果，如图 12-187~图 12-189 所示。

图 12-187　制作后方广场细节

图 12-188　合并装饰柱组件

图 12-189　后方入口完成效果

181 完善地形与建筑

文件路径: 无　　　　　　　　　　　视频文件: 无

中心广场主体景观制作完成后，接下来完善周边地形并制作建筑简模。

步骤 01 参考图纸，创建入口处路面封闭平面，细化出路沿细节后赋予混凝土材质，如图 12-190 与图 12-191 所示。

图 12-190　绘制入口处路面

图 12-191　制作路沿并赋予材质

图 12-192　制作左侧衔接草坡

步骤 02 根据当前的台阶效果，结合【直线】与【推/拉】工具，制作左侧衔接草坡，如图 12-192 所示。

步骤 03 参考图纸制作地形与建筑平面，然后细化台阶模型并赋予材质，如图 12-193~图 12-195 所示。

图 12-193　细分左侧地形与建筑平面

图 12-194　细化左侧台阶平面

图 12-195　制作台阶细节模型

步骤 04 参考图纸，制作楼梯左右两侧的花坛模型，如图 12-196 所示。

步骤 05 使用【推/拉】工具制作出 3000mm 高度的建筑首层模型，然后使用复制推拉，完成建筑整体简模效果，如图 12-197 与图 12-198 所示。

图 12-196　制作花坛模型

图 12-197　推拉建筑首层简模型　图 12-198　复制推拉建筑整体简模

步骤 06 左侧地形与建筑简模完成后，整体复制出右侧对应模型，并通过镜像对位，如图 12-199 所示。

步骤 07 最后参考图纸，制作后方的路面模型并赋予材质，如图 12-200 所示。

图 12-199　整体复制右侧地形与建筑

图 12-200　制作后方路面

182 完成最终细节

文件路径：无	视频文件：无

完善地形与建筑后，将通过组件的合并与复制，完成场景中灯具、植物以及人物细节的添加，制作整体景观以及主要节点的效果。

1. 添加灯具等细节

步骤 01 参考图纸，打开【组件】面板，合并入各处庭院灯模型，然后复制出其他位置的灯具效果，如图 12-201~图 12-203 所示。

图 12-201　合并并复制高杆
庭院灯

图 12-202　合并并复制庭院灯

图 12-203　灯具制作完成效果

步骤 02 参考图纸合并入休闲椅模型，然后通过复制制作好所有的相关模型，如图 12-204 与图 12-205 所示。

步骤 03 合并入水景广场处的造型花盆模型，然后复制出其他位置的花盆效果，如图 12-206 与图 12-207 所示。

2. 细化喷泉

步骤 01 打开【组件】面板，参考图纸位置，合并入左侧造型喷泉水柱，然后复制完成右侧效果，如图 12-208 所示。

图 12-204　合并座椅组件　　　图 12-205　复制其他位置座椅　　　图 12-206　合并造型花盆

步骤 02 参考图纸合并入涌泉与阵列喷泉水柱，通过复制与镜像完成入口喷泉效果，如图 12-209~图 12-212 所示。

图 12-207　复制其他位置造型　　　图 12-208　合并并复制造型喷泉　　　图 12-209　合并并复制涌泉
　　　　　　花盆　　　　　　　　　　　　　水柱　　　　　　　　　　　　　水柱

图 12-210　制作陈列喷泉水柱　　　图 12-211　整体复制陈列喷泉水柱　　　图 12-212　入口喷泉完成效果

步骤 03 重复类似的操作，制作水景广场以及廊桥水景处的喷泉水柱效果，如图 12-213 与图 12-214 所示。

图 12-213　水景广场喷泉完成效果　　　　　　　　图 12-214　廊桥水景喷泉完成效果

3. 添加树木与人物

步骤 01 参考图纸，通过【组件】面板逐步合并树木与灌木模型，如图 12-215~图 12-217 所示。

图 12-215　合并树木组件　　　图 12-216　合并灌木效果 1　　　图 12-217　合并灌木效果 2

步骤 02 场景中主要景观节点的树木与灌木完成效果如图 12-218~图 12-220 所示。接下来合并人物等细节。

图 12-218　入口及水景广场植被　　　图 12-219　休闲广场植被效果　　　图 12-220　廊桥水景植被效果
　　　　　　效果

步骤 03 直接以鸟瞰的角度合并人物难以取得理想的效果，首先调整到主要景观节点处，以【场景】单独保存观察效果，如图 12-221~图 12-223 所示。

图 12-221　创建入口视角场景　　　　　图 12-222　创建休闲广场视角场景

步骤 04 以远、中、近三个层次逐步合并人物组件，形成生动的画面语言，如图-224~图

12-226 所示。

图 12-223　创建廊桥水景视角场景

图 12-224　合并入口视角远景人物

图 12-225　并入口视角中景人物

图 12-226　合并入口视角近景人物

步骤 05 最后合并车辆细节模型，完成入口处的最终效果如图 12-227 所示。

步骤 06 通过类似的方法，完成其他两处景观节点的最终效果，如图 12-228 与图 12-229 所示。

图 12-227　入口处最终效果

图 12-228　休闲小广场效最终效果

图 12-229　廊桥水景最终效果

第13章
规划设计

本章通过一个小区规划方案的制作，了解并掌握规划方案的制作流程，案例完成效果如图 13-1 所示。

183 导入图纸并分析建模思路

✉ 文件路径：配套资源\第 13 章\183	◎ 视频文件：视频\第 13 章\183.MP4

本例首先导入 JPG 格式的平面彩图做为建模参考，然后根据图纸的特点形成完整的建模思路。

步骤 01 打开 SketchUp，执行【窗口】/【模型信息】命令，在【单位】选项卡设置模型单位为 mm，如图 13-2 所示。

图 13-1　小区规划方案完成效果　　　　　　图 13-2　设置模型单位

步骤 02 执行【文件】/【导入】菜单命令，在【导入】面板中选择配套资源"小区规划底图.jpg"文件，以图片形式导入，如图 13-3 所示。

步骤 03 导入图片后，将图片左下角与原点对齐，如图 13-4 所示。

图 13-3　选择底图并导入　　　　　　图 13-4　小区规划底图导入效果

步骤 04 启用【卷尺】工具，测量图纸中双车道宽度，然后输入 12400mm 的大致长度，重置图片尺寸，如图 13-5 与图 13-6 所示。

步骤 05 为了确认尺寸的合理性，可以测量图纸中楼梯的宽度是否达到标准宽度，如图 13-7 所示。

图 13-5 测量双向四行马路宽度

图 13-6 重置图片尺寸

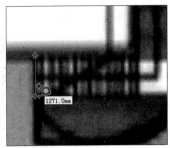

图 13-7 测量楼梯宽度

步骤 06 调整底图尺寸大小后，根据图 13-8~图 13-10 所示的住宅小区建筑与景观分布特点，确立创建思路如下：

- 首先建立小区边沿的公路以及绿地环境，并分割好小区内部大致轮廓。
- 细化小区内部景观的细节，完成小区景观规划的制作。
- 制作建筑的简模，调入并布置树木组件，完成整个小区规划效果的制作。

图 13-8 小区边沿环境

图 13-9 小区景观分布

图 13-10 小区建筑分布

步骤 07 根据以上创建思路，本例制作流程如图 13-11~图 13-14 所示。

图 13-11 导入匹配图片

图 13-12 建立建筑轮廓

图 13-13　建筑细节

图 13-14　添加环境效果

184 建立整体地形

| 📧 文件路径：无 | ◎ 视频文件：视频\第13章\184.MP4 |

　　规划方案的地形不但包括外部环境的公路与绿地，而且需要制作出内部的道路网络。

步骤 01 切换至【俯视图】，结合使用【矩形】工具，快速分割出周边公路以及小区整体轮廓，如图 13-15 与图 13-16 所示。

步骤 02 参考图片，使用【圆弧】工具制作路面转角的圆弧细节，如图 13-17 与图 13-18 所示。

图 13-15　快速分割上方公路

图 13-16　快速分割小区整体轮廓

图 13-17　制作转角的圆弧细节

步骤 03 重复类似操作，制作公路与绿地的轮廓细节，如图 13-19 与图 13-20 所示。

图 13-18　通过圆弧制作连接细节

图 13-19　创建绿地轮廓

图 13-20　通过圆弧制作连接细节

步骤 04 完成小区外部环境与内部整体的轮廓后，结合使用【直线】与【圆弧】工具，分割出小区左侧道路与建筑轮廓，如图 13-21~图 13-23 所示。

图 13-21 分割道路与建筑轮廓　　图 13-22 预留门窗参考点　　图 13-23 局部道路与建筑分割完成

步骤 05 对于相同造型的建筑与道路轮廓，可以通过直接复制以及镜像快速进行制作，如图 13-24~图 13-26 所示。

图 13-24 复制并镜像分割细节　　图 13-25 分割其他建筑轮廓　　图 13-26 复制相同建筑轮廓

步骤 06 建筑轮廓与大致的内部道路分割完成后，细化出边沿的道路与树池等细节，如图 13-27~图 13-29 所示。

图 13-27 建筑轮廓分割完成　　图 13-28 分割边沿道路与树池　　图 13-29 分割完成边沿道路与树坛

步骤 07 通过同样的操作，制作中心道路与花坛细节，完成整体地形的制作，如图 13-30~图 13-32 所示。

图 13-30 复制并镜像花坛　　图 13-31 分割中心道路与花坛　　图 13-32 整体地形制作完成

185 制作景观简模

✉ 文件路径: 无　　　　　　　　◉ 视频文件: 视频\第 13 章\185.MP4

制作整体地形后，本例将制作小区内部的景观模型，区别于景观方案的表现，规划类项目只需要建立大致的景观轮廓即可。

1. 制作圆形广场

步骤 01 参考图片，结合使用【圆弧】与【直线】等工具，分割圆形广场的初步轮廓，如图 13-33~图 13-35 所示。

图 13-33　分割右侧圆形　　　图 13-34　分割中部圆形　　　图 13-35　圆形广场轮廓完成

步骤 02 参考图片，结合使用【圆】、【直线】以及【推/拉】等工具，制作中心跌级喷泉造型，如图 13-36~图 13-38 所示。

图 13-36　分割中心喷泉轮廓　　图 13-37　分割轮廓细节　　　图 13-38　推拉造型细节

步骤 03 赋予跌级喷泉对应材质，参考图片分割出河道并赋予对应材质，如图 13-39 ~ 图 13-41 所示。

图 13-39　赋予材质　　　　图 13-40　分割河道细节　　　图 13-41　赋予河道材质

步骤 04 参考图片，使用【圆弧】以及【直线】工具，制作圆形广场的分割细节，如图 13-42

与图 13-43 所示。

步骤 05 参考图片，使用【直线】工具制作右侧广场的分割细节并赋予对应材质，如图 13-44 与图 13-45 所示。

图 13-42　分割中心圆形　　　图 13-43　中心圆形分割完成效果　　　图 13-44　制作右侧分割细节

步骤 06 参考图片，分割出圆形的车库入口区域，如图 13-46 与图 13-47 所示。

图 13-45　赋予材质效果　　　图 13-46　分割车库入口　　　图 13-47　车库入口分割完成

步骤 07 结合使用【直线】与【推/拉】工具，制作楼梯细节，如图 13-48～图 13-51 所示。

步骤 08 结合使用【矩形】、【偏移】以及【推/拉】工具，制作入口处的玻璃栏杆造型，如图 13-52 与图 13-53 所示。

图 13-48　制作楼梯轮廓　　　图 13-49　分割楼梯斜面　　　图 13-50　推拉楼梯斜面

图 13-51　细化踏步效果　　　图 13-52　创建玻璃护栏轮廓　　　图 13-53　推拉玻璃栏杆细节

步骤 09 处理入口周边的草地效果，然后将入口整体复制至右侧，并旋转调整好位置，如图

13-54 与图 13-55 所示。

图 13-54　赋予玻璃栏杆材质

图 13-55　整体复制入口

图 13-56　制作树池轮廓

步骤⑩ 参考图片，结合使用【圆】、【偏移】以及【推/拉】工具制作树池，如图 13-56 与图 13-57 所示。

步骤⑪ 参考图片，复制圆形广场其他位置的树池，如图 13-58 与图 13-59 所示。

图 13-57　完成树池造型

图 13-58　复制树池

图 13-59　圆形广场树池完成效果

步骤⑫ 参考图片，结合使用【矩形】、【偏移】以及【推/拉】工具制作花坛以及景观墙造型，如图 13-60~图 13-62 所示。

图 13-60　制作花坛

图 13-61　分割景观墙轮廓

图 13-62　景观墙完成效果

步骤⑬ 参考图片，结合使用【矩形】、【推/拉】及【偏移】工具，制作广场右侧小道，如图 13-63 与图 13-64 所示。

步骤⑭ 参考图片中的位置，结合使用【矩形】与【推/拉】工具，制作小道周边的景观墙，如图 13-65~图 13-68 所示。

步骤⑮ 参考图片，结合使用【直线】与【推/拉】工具制作右侧的石墙模型，如图 13-69 所示。

步骤⑯ 参考图片，使用【圆弧】工具制作曲线分割细节，然后通过复制完成其它区域的类似效果，如图 13-70~图 13-72 所示。

图 13-63　制作小道轮廓　　　图 13-64　小道完成效果　　　图 13-65　绘制入口处景观墙轮廓

图 13-66　入口处景观墙效果　　图 13-67　制作其他位置景观墙　　图 13-68　赋予景观墙材质

图 13-69　制作石墙造型　　　图 13-70　绘制曲线分割　　　图 13-71　曲线分割完成

步骤⒄圆形广场景观细节制作完成，效果如图 13-73 所示。

图 13-72　复制曲线造型　　　　　图 13-73　圆形广场完成效果

2．制作水景

步骤01首先选择下方地形，整体向下推拉 3000mm，然后调整之前制作好的河道，如图 13-74 ~ 图 13-76 所示。

图 13-74　整体向下推拉 3000mm　　图 13-75　推拉后的河道效果　　图 13-76　调整河道

步骤 02 参考图片，结合使用【矩形】与【推/拉】工具，制作好右侧的楼梯模型，如图 13-77~
图 13-79 所示。

图 13-77　绘制右侧楼梯平面轮廓　　图 13-78　制作楼梯轮廓　　图 13-79　细化踏步造型

步骤 03 参考图片，结合使用【直线】与【推/拉】工具，制作中部的水堤造型，如图 13-80~
图 13-82 所示。

图 13-80　绘制河堤平面轮廓　　图 13-81　推拉河堤轮廓造型　　图 13-82　河堤造型完成效果

步骤 04 参考图片，结合使用【圆】、【圆弧】以及【推/拉】等工具，制作右侧的树池以及
楼梯造型，如图 13-83~图 13-85 所示。

图 13-83　绘制圆形树池等平面轮廓　　图 13-84　推拉造型　　图 13-85　赋予造型材质

步骤 05 参考图纸分割出下方河道的轮廓，如图 13-86~图 13-88 所示。
步骤 06 重复类似的操作，制作好河道两侧的层次细节，如图 13-89~图 13-91 所示。

图 13-86 分割下方河道整体轮廓　　图 13-87 分割河道内部细节　　图 13-88 河道内部分割完成效果

图 13-89 分割层级细节　　　　　图 13-90 向下推拉出水面　　　　图 13-91 制作河堤层次

步骤 07 参考图纸制作河道两侧的景观细节，如图 13-92~图 13-100 所示。

图 13-92 绘制树池轮廓　　　　　图 13-93 制作树池细节　　　　　图 13-94 绘制圆形景观小品轮廓

图 13-95 完成小品造型　　　　　图 13-96 绘制亲水平台轮廓　　　图 13-97 绘制亲水平台细节

图 13-98 完成亲水平台造型　　　图 13-99 绘制曲水流觞　　　　　图 13-100 曲水流觞完成效果

步骤 08 参考图片复制出河道两侧的树池模型，完成中心水景的制作，如图 13-101 与图 13-102 所示。

图 13-101　参考图片复制树池

图 13-102　河道景观完成效果

3. 制作环境细节

步骤 01 参考图片，结合使用【偏移】及【推/拉】等工具，制作连接斜坡，如图 13-103 与图 13-104 所示。

步骤 02 参考图片，结合使用【多边形】、【圆】及【手绘线】等工具，处理好下方第一幢建筑周边的相关环境细节，如图 13-105~图 13-108 所示。

图 13-103　偏移复制边沿细节

图 13-104　斜坡完成效果

图 13-105　制作建筑周边细节

步骤 03 参考图片，通过类似方式制作其他建筑周边的环境细节，完成景观简模的制作，如图 13-109~图 13-111 所示。

图 13-106　绘制多边形平面

图 13-107　使用手绘线分割轮廓

图 13-108　区域周边细节完成效果

图 13-109　左侧细节完成效果　　图 13-110　右侧细节完成效果　　图 13-111　景观简模整体完成效果

186 制作建筑简模

📩 文件路径：无	⊚ 视频文件：视频\第13章\186.MP4

完成景观简模的制作后，本例将根据参考图片制作建筑简模。

步骤 01 选择之前划分好的建筑平面轮廓，使用【推/拉】工具，同时按下 Ctrl 键，制作前方建筑的简模，如图 13-112 与图 13-113 所示。

图 13-112　推拉出建筑底层　　　　　　　图 13-113　复制推拉其他楼层

步骤 02 重复类似操作，完成其他建筑简模的制作，如图 13-114 与图 13-115 所示。

图 13-114　前方建筑简模制作完成　　　　图 13-115　建筑简模完成效果

187 完成最终细节

文件路径：无   视频文件：视频\第 13 章\187.MP4

本例主要参考图纸，布置场景中树木等植被，完成最终的细节效果。

步骤 01 进入【组件】面板，参考当前场景中现有的树池，进行树木的布置，如图 13-116~图 13-119 所示。

图 13-116　合并树木　　　图 13-117　参考广场树池复制树木　图 13-118　参考河道树池布置树木

步骤 02 布置场景中的灌木细节，如图 13-120 所示。

步骤 03 隐藏建筑简模，并参考图片中植物的分布，随机布置一些植物完成最终效果，如图 13-121～图 13-123 所示。

图 13-119　参考尾部树池布置树木　　　图 13-120　布置灌木　　　图 13-121　随机布置树木

图 13-122　隐藏建筑布置树木　　　　　图 13-123　小区规划最终完成效果

第14章
建筑设计

　　本章将分门别类的讲述现代别墅、中式古建、欧式别墅以及高层住宅模型创建的方法与技巧，模型完成的效果如图 14-1~图 14-4 所示。

图 14-1　现代别墅照片建模

图 14-2　中式古建建模

图 14-3　欧式别墅建模

图 14-4　高层住宅建模

14.1 现代别墅照片建模

　　本节学习使用照片匹配建立现代别墅模型的方法，制作过程如图 14-5~图 14-8 所示。首先导入并匹配图片。

图 14-5　导入并匹配图片

图 14-6　建立建筑轮廓

图 14-7　制作建筑细节

图 14-8　完成环境效果

188 导入并匹配图片

📧 文件路径：素材\第 14 章\188　　　　◎ 视频文件：视频\第 14 章\188.MP4

在 SketchUp 中以"照片匹配"的方法导入图片，通过轴向控制线的调整可以使场景的坐标、比例与照片中的建筑相匹配，从而可以直接参考图片建立模型。

步骤 01 打开 SketchUp，执行【窗口】/【模型信息】命令，在【单位】选项卡内设置模型单位为"mm"，如图 14-9 所示。

步骤 02 执行【文件】/【导入】菜单命令，在【导入】面板中选择打开配套光盘中的"现代别墅图片.jpg"文件，如图 14-10 所示。

图 14-9　设置模型单位

图 14-10　以照片匹配导入图片

步骤 03 导入图片后，将出现如图 14-11 所示的匹配界面，首先选择坐标原点，将其调整至车库门左下角，如图 14-12 所示。

图 14-11　照片匹配导入界面

图 14-12　调整坐标原点

步骤 04 选择界面中用于定位的轴线，将其与建筑中对应走向的直线对齐，以确实场景坐标，如图 14-13~图 14-15 所示。

步骤 05 坐标匹配完成后，按住 Z 轴进行缩放，通过调整人物与车库门的比例，确定好场景尺寸比例，如图 14-16 所示。

图 14-13　调整红轴

图 14-14　调整绿轴

步骤 06 比例调整完成后，单击【照片匹配】面板【完成】按钮完成匹配，如图 14-17 所示。

图 14-15　调整完成效果

图 14-16　缩放人物比例

图 14-17　确认匹配效果

189 建立建筑轮廓

文件路径：无	视频文件：视频\第 14 章\189.MP4

　　匹配好图像的坐标与比例后，接下来通过图纸的参考建立建筑的轮廓模型，在本例中将以左中右的顺序逐步建立出对应的建筑轮廓模型。

1. 制作左侧楼层

步骤 01 启用【直线】工具，参考图纸对车库墙体进行封面，然后使用【推/拉】工具制作别墅一层墙体与车库门门洞，如图 14-18~图 14-20 所示。

图 14-18　参考图片封闭平面

图 14-19　向后推拉整体轮廓

图 14-20　制作车库门门洞

步骤 02 启用【推/拉】工具，在透视图中制作上方楼层高度，然后参考图片进行整体高度调整与楼层的分割，如图 14-21~图 14-23 所示。

图 14-21　在透视图向上推拉　　　图 14-22　参考图片调整整体高度　　　图 14-23　参考图片分割楼层
　　　　　高度

步骤 03　参考图片调整二、三层之间的分割线，分割出二层门洞并在透视图中进行调整，如
图 14-24~图 14-26 所示。

图 14-24　参考图片调整楼层　　　　图 14-25　参考图片分割二层门洞　　　图 14-26　在透视图中底部线段
　　　　　高度

步骤 04　参考图纸制作出侧面细节，并推拉出第三层的阳台空间，至此，左侧楼层轮廓创建
完成，如图 14-27~图 14-29 所示。

图 14-27　制作侧面细节　　　　　图 14-28　向内推拉第三层轮廓　　　图 14-29　左侧楼体轮廓完成
　　　　　　　　　　　　　　　　　　　　　　　　　　　　　　　　　　　　　　　效果

2.　制作中部楼层

步骤 01　参考图片，使用【直线】工具创建入口台阶定位线，然后在透视图中封面，如图
14-30~图 14-31 所示。

步骤 02　参考图片，结合使用【偏移】与【推/拉】工具，制作出台阶细节，如图 14-32 所示。

图 14-30 参考图片绘制位置线　　图 14-31 在透视图中封面　　图 14-32 推拉出台阶效果

步骤 03 参考图片，捕捉台阶边线，结合使用【直线】与【推/拉】工具，制作出入口墙体与门洞，如图 14-33 与图 14-34 所示。

步骤 04 参考图片，捕捉入口墙体边线，结合使用【直线】、【推/拉】及【偏移】工具，制作入口屋檐细节，如图 14-35 与图 14-36 所示。

图 14-33 参考图片绘制入口　　图 14-34 推拉出入口门洞　　图 14-35 参考图片封闭屋顶线段
　　　　　墙面

步骤 05 参考图片，结合使用【直线】、【推/拉】及【缩放】工具，制作出屋顶斜坡，然后赋予瓦片材质，如图 14-37 与图 14-38 所示。

图 14-36 推拉出屋檐细节　　图 14-37 缩放生成顶部斜面　　图 14-38 赋予瓦顶材质

步骤 06 参考图片，结合使用【直线】与【推/拉】工具，制作出中部后方楼层轮廓，如图 14-39~如图 14-41 所示。

图 14-39　参考图片定位右侧墙　　　图 14-40　在透视图中封闭平面　　　图 14-41　推拉出楼层轮廓
线

步骤 07 参考图片，使用【直线】工具分割墙体，然后使用【推/拉】工具制作楼层前后层次与宽度，如图 14-42~图 14-44 所示。

图 14-42　分割墙面细节　　　　图 14-43　推拉楼层层次　　　图 14-44　参考图片调整楼层宽度

步骤 08 在透视图中分割底部墙面，并参考图片调整好宽度。至此，中部楼层轮廓创建完成，如图 14-45~图 14-47 所示。

图 14-45　在透视图中分割墙面　　　图 14-46　参考图片调整底部空　　　图 14-47　中间楼层完成效果
间宽度

3.　细化右侧楼层

步骤 01 参考图片，使用【直线】工具定位右侧台阶线段，然后使用【直线】工具制作底层墙体与门洞，如图 14-48~图 14-50 所示。

图 14-48　绘制台阶定位线段

图 14-49　在透视图中封闭并
推拉

图 14-50　制作门洞等细节

步骤 02 参考图纸，使用【直线】与【推/拉】工具，制作隔墙与右侧整体楼层轮廓，如图 14-51 与图 14-53 所示。

图 14-51　绘制隔墙

图 14-52　在透视图中调整效果

图 14-53　推拉上部楼层轮廓

步骤 03 参考图片调整好楼层分割线位置，然后使用【推/拉】工具完成右侧上层楼层轮廓，如图 14-54~图 14-56 所示。接下来制作屋顶。

4. 制作屋顶

步骤 01 选择创建好的模型整体，创建为【组】，然后参考图片，并结合透视图对屋顶平面封面，如图 14-57~图 14-59 所示。

图 14-54　参考图片调整楼层
高度

图 14-55　向后推拉形成楼层层次

图 14-56　右侧楼层完成效果

图 14-57　将楼层整体创建为组　　图 14-58　参考图片绘制屋顶线段　　图 14-59　在透视图中封面

步骤 02 参考图片，结合【推/拉】与【缩放】工具，制作出屋檐与斜坡细节，如图 14-60~图 14-62 所示。

图 14-60　推拉出屋檐细节　　图 14-61　推拉出屋顶斜坡高度　　图 14-62　通过缩放形成斜坡

步骤 03 赋予屋顶对应材质，完成建筑轮廓的模型效果，如图 14-63 与图 14-64 所示。接下来进行门窗、栏杆等细节的制作。

图 14-63　赋予屋顶材质　　　　　图 14-64　建筑轮廓完成效果

190 细化造型

文件路径: 无	视频文件: 视频\第 14 章\190.MP4

　　建筑的整体轮廓创建完成后，即可细化门窗以及栏杆等细节。由于建筑的门窗造型类似，因此在制作好左侧楼层的相关细节后，其它楼层通常可以通过复制与调整快速制作完成。

1. 细化左侧楼层

步骤 01 参考图片对内侧门洞线进行 15 段拆分，使用【推/拉】工具间隔推拉，制作好车库门模型，如图 14-65 与图 14-66 所示。

步骤 02 参考图纸，使用【偏移】工具制作出左侧二层门框平面，如图 14-67 所示。

图 14-65　拆分车库门洞边线　　图 14-66　推拉凹凸效果并赋予　　图 14-67　通过偏移形成门框平面
　　　　　　　　　　　　　　　　　　　　　材质

步骤 03 参考图片，结合使用【直线】与【推/拉】工具，制作出门框细节，如图 14-68~图 14-70 所示。

图 14-68　分割出推拉门门页　　图 14-69　分割中部细节　　图 14-70　推拉制作细节效果

步骤 04 结合使用【矩形】与【推/拉】工具，制作出木栅格细节，然后赋予对应模型木纹，以及半透明玻璃材质，如图 14-71 与图 14-72 所示。

步骤 05 参考图片，使用【直线】工具绘制出栏杆线条，然后进行封面与推拉，完成三维造型制作，如图 14-73 与图 14-74 所示。

图 14-71　制作木栅格　　图 14-72　推拉门完成效果　　图 14-73　参考图片定位栏杆线段

步骤 06 参考图片，复制栏杆模型，如图 14-75 所示，制作完成的的栏杆整体效果如图 14-76

所示。

图 14-74　制作栏杆造型

图 14-75　参考图片复制栏杆

图 14-76　左侧二层栏杆完成效果

步骤 07 通过类似的方法，制作好左侧后方与第二层的门窗细节，如图 14-77~图 14-79 所示。接下来制作楼梯模型。

图 14-77　制作后方门窗细节

图 14-78　制作上部楼层门细节

图 14-79　复制并调整栏杆

步骤 08 参考图片，使用【直线】工具在屋顶底面开洞，然后结合【偏移】与【推/拉】工具，制作出楼梯入口，如图 14-80 与图 14-81 所示。

图 14-80　参考图片开洞

图 14-81　调整楼梯入口效果

图 14-82　绘制楼梯平面轮廓

步骤 09 参考图片，使用【直线】工具绘制出如图 14-82 所示的楼梯平面轮廓，然后结合【偏移】与【推/拉】工具制作出护栏细节，如图 14-83 所示。

步骤 10 捕捉两侧护栏，创建楼梯踏步模型，然后进行多重复制，完成楼梯模型效果，如图 14-84~图 14-86 所示。

步骤 11 赋予楼梯对应模型金属与半透明材质，完成左侧楼层的细化，如图 14-87 与图 14-88 所示。

图 14-83　制作楼梯两侧护栏　　　图 14-84　制作楼梯踏步　　　图 14-85　复制楼梯踏步

图 14-86　多重复制踏步　　　图 14-87　赋予金属以及半透明材质　　　图 14-88　左层楼层细化完成效果

2. 细化中部楼层

步骤 01　参考图纸，结合使用【直线】、【偏移】及【推/拉】工具，制作出中部楼层入口门以及楼梯间玻璃墙模型，如图 14-89~图 14-91 所示。

图 14-89　分割入口门平面细节　　　图 14-90　制作细节并赋予材质　　　图 14-91　制作楼梯间玻璃墙

步骤 02　参考图纸结合使用【直线】、【偏移】以及【推/拉】工具，制作中部顶层门窗，然后复制至第二层，并通过缩放调整好造型，如图 14-92 与图 14-93 所示。

步骤 03　通过复制与调整，制作好中部栏杆与底部门窗模型，完成中部楼层细化效果，如图 14-94 所示。

图 14-92　制作第三层推拉门　　　图 14-93　复制并调整出二层推拉门　　　图 14-94　制作底部门与栏杆

3. 细化右侧楼层

步骤 01 通过复制与缩放，制作好右侧门窗以及栏杆，至此，楼层的门窗以及栏杆细化完成，如图 14-95~图 14-97 所示。

图 14-95 复制推拉门至底部

图 14-96 通过缩放调整效果

图 14-97 右侧楼层完成效果

4. 完成建筑细节

步骤 01 参考图纸，使用【直线】工具分割出底部护墙，然后赋予毛石材质，如图 14-98 与图 14-99 所示。

步骤 02 打开【组件】面板，合并入壁灯模型，完成建筑细节的制作，如图 14-100 所示。

图 14-98 分割护墙平面

图 14-99 赋予毛石材质

图 14-100 添加壁灯模型组件

191 制作配套环境

文件路径：无   视频文件：视频\第 14 章\191.MP4

通过照片匹配制作好建筑模型后，接下来制作出配套的环境效果，增加场景层次与色彩对比。

步骤 01 单独的建筑观察效果并不理想，接下来参考匹配图片，制作出配套的环境效果，如图 14-101 与图 14-102 所示。

图 14-101 单独的建筑模型效果

图 14-102 匹配图片中的环境效果

图 14-103 绘制地面平面

步骤 02 在【俯视图】中创建一个矩形平面，作为整体地面，参考图纸进行分割并赋予材质，如图 14-103~图 14-105 所示。

图 14-104　参考图片分割地形　　　图 14-105　赋予地形对应材质　　　图 14-106　合并草地灯模型组件

步骤 03 打开【组件】面板，参考匹配图片合并草地灯、树木以及人特模型组件，然后调整出最终的透视效果，如图 14-106~图 14-108 所示。

图 14-107　添加人物与树木　　　　　　　　　图 14-108　调整最终效果

14.2 中式庭院建模

中式建筑有着独特的外观与格局，本例通过一个典型的中式庭院，介绍该类建筑模型的特点，以及相应的建模方法与技巧，中式庭院建模过程如图 14-109~图 14-112 所示。

图 14-109　建立地坪　　　　　　　　　　　　图 14-110　建立外墙

图 14-111　创建建筑

图 14-112　最终效果

192 建立地坪

✉ 文件路径: 配套光盘\第 14 章\192	◎ 视频文件: 无

　　本例将创建出建筑的地坪，规划出建筑的布局，为墙体以及建筑的逐步创建提供依据。

步骤 01　启动 SketchUp，通过【模型信息】面板设置单位"毫米"，如图 14-113 所示。

步骤 02　启用【矩形】工具，创建一个长宽为 23000mm×15000mm 的矩形，然后分割出入口平面，如图 14-114 与图 14-115 所示。

图 14-113　设置模型单位为毫米

图 14-114　创建地坪矩形

图 14-115　分割入口

步骤 03　启用【偏移】工具，向内偏移复制出 240mm 厚的墙体平面，如图 14-116 所示。

步骤 04　结合使用【卷尺】与【偏移】工具，分割左侧的细节平面，然后通过复制与镜像，制作好右侧分割平面并对位，如图 14-117 与图 14-118 所示。

图 14-116　向内偏移复制

图 14-117　细分割地坪

图 14-118　地坪分割完成效果

步骤 05　使用【推/拉】，制作好左侧花池，分别赋予池壁与池底石材，以及鹅卵石铺地材质，如图 14-119~图 14-121 所示。

图 14-119　制作 300mm 深度花池

图 14-120　赋予石材

图 14-121　制作鹅卵石铺地效果

步骤 06 通过类似的操作，制作中部庭院以及右侧花池，然后赋予对应石材，制作好建筑地坪，如图 14-122~图 14-124 所示。

图 14-122　赋予下沉空间拼贴石材

图 14-123　赋予路面石材

图 14-124　地坪材质完成效果

193 建立外围墙体

文件路径: 无	视频文件: 无

完成地坪的制作后，本例将逐步制作庭院的四侧墙体，在制作的过程中，重点掌握中式门头的制作方法，以及模型复制与调整的技巧。

1. 创建墙角与正面墙体

步骤 01 在底部转角处创建墙角截面，然后以墙体平面为路径，使用【路径跟随】工具制作墙角并赋予材质，如图 14-125~图 14-127 所示。

图 14-125　创建墙角截面图形

图 14-126　使用路径跟随

图 14-127　赋予石块材质

步骤 02 分割左侧以及入口处端点，然后使用【推/拉】工具制作正面左侧墙体，如图 14-128~

图 14-130 所示。

图 14-128　分割左侧端点

图 14-129　分割入口处端点

图 14-130　建立正面左侧墙体

步骤 03 结合使用【卷尺】、【直线】及【推/拉】工具，制作好正面左侧墙体轮廓，如图 14-131 与图 14-132 所示。

图 14-131　创建墙体分割线

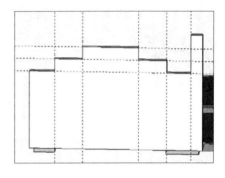
图 14-132　制作墙体轮廓

步骤 04 使用类似方法，制作墙体左右两侧的细节造型，然后通过复制与镜像，制作并对位右侧墙体，如图 14-133~图 14-135 所示。

图 14-133　制作左侧细节

图 14-134　制作右侧细节

图 14-135　复制并镜像对位右侧墙体

2.　细化入口通道与门头

步骤 01 结合使用【矩形】与【推/拉】工具，制作入口台阶细节，如图 14-136 所示。接下来制作细化入口通道。

步骤 02 使用【推/拉】工具制作通道轮廓，然后细化分割出通道入口，如图 14-137 与图 14-138 所示。

图 14-136　制作入口台阶细节　　　图 14-137　推拉入口通道　　　图 14-138　分割通道门洞

步骤 03 赋予墙体白色砖纹，然后制作通道内外门框细节效果，并赋予黑色砖纹，如图 14-139~图 14-141 所示。

图 14-139　赋予墙体白色砖纹　　　图 14-140　赋予内门框灰色砖纹　　　图 14-141　制作外门框细节

步骤 04 通道以及门框制作完成后，添加门槛以及装饰石雕细节，如图 14-142 与图 14-143 所示。接下来制作门头细节。

图 14-142　制作门槛细节　　　图 14-143　合并装饰石雕　　　图 14-144　绘制门匾平面

步骤 05 结合使用【矩形】与【推/拉】工具，制作门匾造型并赋予材质，通过【三维文字】工具制作匾牌文字，如图 14-144 ~ 图 14-147 所示。

图 14-145　制作门匾细节　　　图 14-146　赋予门匾材质　　　图 14-147　创建三维文字

步骤 06 通过类似的操作制作细节装饰，然后进行多重移动复制，如图 14-148 与图 14-149 所示。

图 14-148　制作细节装饰

图 14-149　多重复制细节装饰

图 14-150　创建门头角线截面

步骤 07 结合使用【直线】与【圆弧】工具，制作门头角线截面与路径，如图 14-150 与图 14-151 所示。

步骤 08 通过【路径跟随】工具，制作出三维造型并赋予石材纹理，如图 14-152 所示。

步骤 09 结合使用【直线】与【推/拉】工具，制作门头斜坡轮廓，如图 14-153 所示。

图 14-151　创建角线路径

图 14-152　门头角线完成效果

图 14-153　制作门头斜坡轮廓

步骤 10 结合使用【拆分】、【直线】以及【推/拉】工具，制作好斜坡细节，如图 14-154 与图 14-155 所示。

图 14-154　拆分线段

图 14-155　推拉细节

图 14-156　创建门头屋顶部平面

步骤 11 结合使用【直线】与【推/拉】工具，制作门头屋顶造型，然后赋予瓦片材质，如图 14-156 与图 14-157 所示。

步骤 12 结合使用【直线】、【圆弧】及【推/拉】工具，制作好中部屋脊造型，如图 14-158 与图 14-159 所示。

图 14-157　推拉屋顶并赋予瓦片　图 14-158　绘制门头屋脊截面　图 14-159　推拉出门头屋脊

步骤⑬ 结合使用【圆弧】以及【推/拉】工具，制作右侧挑尖造型，然后通过复制与镜像，制作好左侧效果。至此，入口整体效果完成，如图 14-160~图 14-162 所示。

图 14-160　制作左侧挑尖细节　图 14-161　复制并镜像左侧挑尖　图 14-162　入口完成整体效果

步骤⑭ 通过复制与缩放，调整出背面通道上方的屋顶效果，如图 14-163 所示。

3. 制作正面墙头细节

步骤① 通过复制与镜像，制作出墙头顶造型，然后分解【组】，进行宽度的自由调整，如图 14-164~图 14-166 所示。

图 14-163　复制并调整背面屋顶　图 14-164　复制屋顶至墙头　图 14-165　复制镜像出右侧细节

步骤② 对位至墙头，捕捉其宽度，调整好墙头屋顶造型，如图 14-167 与图 14-168 所示。

步骤③ 其它位置的墙头造型，只需要在修改屋顶端点细节后，复制并调整长度即可，如图 14-169~图 14-171 所示。

图 14-166　分解组形成单个模型

图 14-167　参考墙体调整宽度

图 14-168　墙头屋顶调整效果

图 14-169　修改屋顶端点细节

图 14-170　墙头屋顶调整效果

图 14-171　正面墙体完成效果

4．制作其它墙体

步骤 01 正面墙体制作完成后，结合使用【卷尺】以及【推/拉】工具，制作好右侧墙轮廓，如图 14-172 与图 14-173 所示。

图 14-172　推拉左侧墙体

图 14-173　制作右侧墙体轮廓

图 14-174　复制墙头装饰屋顶

步骤 02 复制并调整各处墙头造型细节，如图 14-174~图 14-177 所示。接下来制作背面墙体。

图 14-175　复制并调整中部屋顶

图 14-176　复制并调整两侧屋顶

图 14-177　右侧墙体完成效果

步骤 03 结合【推/拉】以及【卷尺】工，具制作出背部墙体及细节，如图 14-178 与图 14-179

所示。复制出右侧墙体，完成外围墙体整体效果的制作，如图 14-180 所示。接下来创建内部建筑。

图 14-178　推拉背部墙体

图 14-179　制作背部墙体细节

图 14-180　复制出右侧墙体

194　创建内部建筑

📩 文件路径：无	⊙ 视频文件：无

完成外围墙体的制作后，接下来即可根据划分好的地坪，逐步创建内部建筑，在建模的过程中注意复制与镜像的技巧。

1.　建立建筑墙体

步骤 01 结合使用【卷尺】以及【直线】工具，制作好内墙体轮廓，推拉出 240mm 厚度后对齐位置，如图 14-181 与图 14-182 所示。

图 14-181　创建内部墙体轮廓

图 14-182　推拉厚度并对齐位置

图 14-183　复制并调整屋顶细节

步骤 02 复制并调整内部左侧墙体屋顶细节，然后整体复制出右侧墙体效果，如图 14-183 与图 14-184 所示。

图 14-184　复制出右侧墙体

图 14-185　隐藏外围墙体

图 14-186　创建圆柱平面

2. 创建建筑木结构

步骤 01 隐藏创建好的外围墙体模型，以便于建筑的创建，如图 14-185 所示。

步骤 02 启用【圆】工具，捕捉墙角创建一个直径为 300mm 的圆形，然后推拉 3780mm 的高度，并赋予木纹材质，如图 14-186 与图 14-187 所示。

图 14-187 推拉圆柱高度并赋予   图 14-188 复制圆柱至右侧   图 14-189 多重复制出中部圆柱
材质

步骤 03 通过多重复制，制作出前方其它圆柱，然后整体复制至后侧，如图 14-188~图 14-190 所示。

图 14-190 整体复制圆柱至后方   图 14-191 创建过梁截面   图 14-192 推拉出过梁

步骤 04 结合【直线】与【推/拉】工具，制作上方的过梁，赋予木纹材质后移动复制至后侧，如图 14-191 与图 14-193 所示。

图 14-193 复制过梁至后方圆柱   图 14-194 旋转复制并调整过梁细节   图 14-195 对位梁柱位置

步骤 05 以 90 度旋转复制过梁，并对位至侧墙，然后修改前端造型细节，并进行多重复制，如图 14-194~图 14-196 所示。

步骤 06 捕捉左侧圆柱之间的交点，创建木板墙平面，然后结合【卷尺】与【直线】工具分割平面，如图 14-197 与图 14-198 所示。

步骤 07 结合【偏移】与【推/拉】工具，制作好木板墙造型细节，如图 14-199 所示。

图 14-196　复制其它位置横梁

图 14-197　创建木板墙平面

图 14-198　细分木板墙轮廓

图 14-199　制作木板墙细节

图 14-200　合并并复制左侧窗户

图 14-201　整体复制右侧窗户

步骤 08 打开【组件】面板，合并门窗模型组件，然后进行复制与对位，如图 14-200~图 14-202 所示。

图 14-202　合并并调整门组件

图 14-203　创建屋檐横梁平面

图 14-204　缩放出屋檐横梁

步骤 09 结合使用【直线】与【圆】工具，制作好屋檐横梁平面，然后【推/拉】出长度并向下进行复制，如图 14-203~ 图 14-205 所示。

图 14-205　复制屋檐横梁

图 14-206　合并屋檐斗拱组件

图 14-207　排列斗拱位置

步骤⑩ 打开【组件】面板，合并中式建筑常用的斗拱模型，然后捕捉横梁进行复制与排放，如图 14-206~图 14-207 所示。

步骤⑪ 斗拱制作完成后，建筑的木结构即创建完成，效果如图 14-208 所示。接下来制作屋顶造型。

图 14-208　房屋木结构完成效果

图 14-209　复制屋脊

图 14-210　对位屋脊并调整长度

195 创建建筑屋顶

文件路径：无	视频文件：无

步骤① 复制屋脊模型，旋转对位后调整其长度，如图 14-209 与图 14-210 所示。

步骤② 结合使用【直线】、【圆弧】及【圆】工具，制作屋顶圆柱路径与截面，然后使用【路径跟随】制作三维造型，如图 14-211~图 14-213 所示。

图 14-211　创建屋顶圆柱路径

图 14-212　创建圆柱截面

图 14-213　通过路径跟随制作圆柱

步骤③ 通过相同的方法制作好瓦片造型，然后以投影方式制作好瓦片贴图，如图 14-214 与图 14-216 所示。

图 14-214　创建瓦片截面与路径

图 14-215　制作造型并创建投影片面

图 14-216　通过投影赋予瓦片材质

步骤 04 选择圆柱与瓦片整体，通过多重复制，制作好前檐瓦顶造型，如图 14-217 与图 14-218 所示。

图 14-217 整体复制圆柱与瓦片

图 14-218 前檐瓦顶完成效果

图 14-219 复制并镜像对位后方瓦顶

步骤 05 向后整体复制前檐瓦顶造型，然后通过镜像工具对位，至此，主建筑中部效果制作完成，如图 14-219 与图 14-220 所示。

步骤 06 通过相同方式，制作主建筑以及庭院两侧房屋，完成场景建筑效果的制作，如图 14-221 与图 14-222 所示。

图 14-220 主建筑中部完成效果

图 14-221 主建筑整体完成效果

图 14-222 两侧建筑完成效果

196 完成最终效果

📋 文件路径: 无	⊙ 视频文件: 无

整体的建筑效果制作完成后，本例中将为其制作简单的环境与人流效果。

步骤 01 独立的建筑十分单调，首先在【俯视图】中创建一个【矩形】平面，做为地形平面，如图 14-233 与 图 14-224 所示。

图 14-223 单独的建筑效果

图 14-224 创建地形平面

图 14-225 创建场景保存视角

步骤 02 调整好观察视角以【场景】进行保存，如图 14-225 所示，接下来以该视角的观察效果进行细化。

步骤 03 结合【直线】以及【推/拉】工具，制作简单的路面与草地效果，然后分别赋予石材与草坪材质效果，如图 14-226~图 14-228 所示。

图 14-226　分割出路面

图 14-227　制作路沿与路面细节

图 14-228　路面完成效果

步骤 04 在保存的透视图中，合并植物与人物，完成最终效果如图 14-229 所示。

图 14-229　合并树木与人物

14.3 欧式别墅建模

欧式别墅通常具有精巧的立面设计，本例将讲解如何结合 AutoCAD 图纸，创速创建高细节的欧式别墅外观的方法与技巧，其大致的制作过程如图 14-230~图 14-233 所示。

图 14-230　简化并分析图纸

图 14-231　建立轮廓

图 14-232　细化立面　　　　　　　　　　　　图 14-233　完成效果

197 整理 CAD 图纸并分析建模思路

| 文件路径：配套光盘\第 14 章\197 | 视频文件：视频\第 14 章\197.MP4 |

　　建筑施工图通常有繁杂的轴线、尺寸标注以及重复的图形等内容，在模型的建立过程中并不需要，因此在导入 SketchUp 前，应将图纸简化以减少文件量，同时有利于图纸的观察。

1. 整理图纸

步骤 01　启动 AutoCAD，打开配套光盘"第 14 章|"东西立面.dwg"文件，如图 14-234 所示。

步骤 02　选择多余的轴线，进入【图层管理器】，将轴线图层关闭，如图 14-235 所示。

图 14-234　打开 CAD 图纸　　　　　　　　图 14-235　关闭轴线图层

步骤 03　通过同样方法隐藏其它多余图层，然后删除图纸中栏杆等重复元素，如图 14-236 所示。

步骤 04　按 Ctrl+A 键全选所有图形，按下 Ctrl+C 快捷键进行复制，如图 14-237 所示。

图 14-236　删除重复栏杆　　　　　　　　图 14-237　复制简化后的图纸

步骤 05 按下 Ctrl+N 键新建空白 DWG 文件，按 Ctrl+V 键粘贴图形，如图 14-238 所示，按下 Ctrl+S 键保存图形，如图 14-239 所示。

图 14-238 粘贴至新 DWG 文件

图 14-239 单独进行保存

步骤 06 通过以上方法，将其它图纸简化后单独保存。

2. 分析建模思路

图纸整理好后，综合观察各立面图可以发现，各个立面上存在类似的门、栏杆等建筑构件，如图 14-240~图 14-242 所示，通过这个特点确立本例模型的建立思路如下：

  📖 首先建立楼层主体轮廓，然后细化出正立面细节。

  📖 通过复制与调整正立面上建立的门窗、石柱等细节，快速制作好其它立面。

  📖 制作好屋顶并完成环境配套细节。

图 14-240 四个立面图纸对比

图 14-241 正立面门窗等细节

图 14-242 侧立面门窗等细节

198 导入 SketchUp 并建立基本轮廓

✉ 文件路径：无	◎ 视频文件：视频\第 14 章\198.MP4

在 AutoCAD 中简化图纸并分别保存为单独的文件后，接下来将图纸导入 SketchUp，并调整好位置与朝向，然后建立出楼层的主体轮廓。

1. 导入图纸

步骤 01 打开 SketchUp，设置模型单位为"mm"，如图 14-243 所示。

步骤 02 执行【文件】/【导入】菜单命令，设置导入单位为毫米，导入整理好的首层平面图，如图 14-244 与图 14-245 所示。

图 14-243　设置模型单位　　　　图 14-244　执行导入菜单命令　　　图 14-245　调整导入比例单位

步骤 03 首层平面图导入完成后，再导入立面图，使用【旋转】工具将其直立放置，并调整好朝向，如图 14-246~图 14-248 所示。

图 14-246　导入图纸底层平面　　　图 14-247　导入正立面　　　　　图 14-248　旋转正立面

步骤 04 启用【直线】工具，在首层平面图纸上创建一条对齐辅助线，然后对齐立面与平面图纸，如图 14-249 与图 14-250 所示。

步骤 05 通过类似方法导入其它图纸，并进行对位，完成效果如图 14-251 所示。

图 14-249　绘制对齐辅助线　　　　图 14-250　对齐正立面图纸　　　图 14-251　图纸导入并对齐效果

2.　建立主体轮廓

步骤 01 启用【直线】工具，捕捉首层平面内侧墙线，绘制出封闭平面，如图 14-252 与图 14-253 所示。

步骤 02 启用【推/拉】工具，结合 Ctrl 键制作出一、二层主体轮廓，如图 14-254 所示。

图 14-252　捕捉内侧墙线　　　　图 14-253　绘制封闭平面　　　　图 14-254　推拉建筑轮廓

步骤 03 切换至【前视图】，逐步选择中部与顶部线段，参考图纸调整好位置，完成主体轮廓模型的制作，如图 14-255~图 14-257 所示。

图 14-255　对齐中部线段　　　　图 14-256　对齐顶面线段　　　　图 14-257　主体轮廓完成效果

199 细化正立面

文件路径：无	视频文件：视频\第 14 章\199.MP4

建筑主体轮廓创建完成后，接下来首先对正立面进行细化，制作出门窗等高细节的建筑构件。

1. 细化主入口

步骤 01 切换视图至正立面图位置，利用已有线形创建入口处圆柱截面，如图 14-258 与图 14-259 所示。

图 14-258　主入口图纸效果　　　　图 14-259　绘制截面　　　　图 14-260　路径跟随制作三维效果

步骤 02 使用【路径跟随】工具制作三维模型与顶部细节，然后参考图纸调整大小，如图 14-260~图 14-262 所示。

步骤 03 参考图纸结合，使用【圆弧】与【推/拉】等工具，制作台阶护栏，如图 14-263 所示。

图 14-261　制作顶部细节　　　图 14-262　整体调整大小　　　图 14-263　制作台阶护栏

步骤 04 选择复制制作好的石柱中部细节，粘贴至护栏内侧位置，如图 14-264 与图 14-265 所示。

步骤 05 整体复制制作好的护栏，通过 SUAPP【镜像物体】插件工具调整朝向，如图 14-266 所示。接下来制作入口台阶。

图 14-264　复制中部结构　　　图 14-265　粘贴中部结构　　　图 14-266　整体复制并镜像

步骤 06 参考图纸，使用【圆弧】与【直线】工具创建台阶封闭平面，如图 14-267 所示。

图 14-267　制作并分割台阶平面　　　图 14-268　缩放台阶高度　　　图 14-269　台阶初步完成效果

步骤 07 结合使用【直线】与【推/拉】工具，制作踏步与台阶细节，如图 14-268~图 14-270 所示。

步骤 08 打开【材料】面板，分别赋予模型黄色与黑色石材，如图 14-271 所示。

步骤 09 继续参考图纸，结合使用【推/拉】以及【路径跟随】工具制作石墩与石柱，通过复制与镜像后，完成主入口模型的制作，如图 14-272~图 14-275 所示。

图 14-270 制作台阶细节

图 14-271 赋予台阶材质

图 14-272 制作底部石墩

图 14-273 直接创建石柱截面

图 14-274 制作并复制石柱模型

图 14-275 主入口完成效果

2. 细化正立面

步骤 01 选择正立面图纸对齐至墙面，结合使用【直线】、【圆弧】以及用【推/拉】工具制作好大门模型，如图 14-276~图 14-278 所示。

图 14-276 调整正立面图绘至墙面

图 14-277 分割细化大门

图 14-278 赋予大门材质

步骤 02 结合使用【圆弧】及【推/拉】工具，参考图纸制作门头装饰，如图 14-279 与图 14-280 所示。

图 14-279 分割门头装饰细节

图 14-280 门头装饰细节完成效果

图 14-281 分割左侧窗洞

步骤 03 通过类似方法制作好左侧窗户模型，然后将其创建为【组】并复制至右侧，如图 14-281 所示~图 14-284 所示。

图 14-282　制作窗户主体　　　图 14-283　制作窗头并创建为组件　　　图 14-284　整体复制窗户模型

步骤 04 参考图纸复制并调整石柱至墙面，完成正立面底层中部的效果，如图 14-285 所示。

步骤 05 参考图纸，通过类似的方法制作底层左侧的窗户模型，然后将其复制至右侧对应位置，如图 14-286 与图 14-287 所示。

图 14-285　中部模型完成效果　　　图 14-286　制作两侧窗户模型　　　图 14-287　向右整体复制窗户模型

步骤 06 参考图纸，绘制中部左侧的角线截面与路径，然后通过【路径跟随】工具制作出三维模型，如图 14-288 与图 14-289 所示。

图 14-288　创建角线截面与路径　　　图 14-289　通过路径跟随制作角线　　　图 14-290　制作好弧形阳台

步骤 07 通过类似的方法，制作出瓶型栏杆与上部扶手，如图 14-290 所示，复制制作好的弧形阳台模型至右侧，与图 14-291 所示。

步骤⑧ 结合【矩形】与【推/拉】工具，制作好中部阳台的石柱，然后参考图纸复制瓶型栏杆并对位，如图 14-292 所示。

步骤⑨ 选择左侧整体制作好的阳台与角线模型，通过复制与镜像，得到右侧对应模型，如图 14-293 所示。

图 14-291　整体复制窗户与栏杆　　图 14-292　制作中部护栏与栏杆　　图 14-293　整体复制并镜像

步骤⑩ 导入二层平面图纸，使用【推/拉】工具制作出阳台空间，如图 14-294 所示。

步骤⑪ 参考图纸，复制阳台门窗与栏杆，如图 14-295 与图 14-296 所示。

步骤⑫ 参考图纸绘制截面，使用【路径跟随】工具制作好顶部角线与底部护墙，完成别墅正立面的制作，如图 14-297~图 14-299 所示。

图 14-294　推拉出中部阳台空间　　图 14-295　制作阳台门窗　　图 14-296　复制石柱至阳台

图 14-297　制作顶部角线　　图 14-298　制作底部护墙　　图 14-299　别墅正面完成效果

200 细化其它立面

文件路径：无	视频文件：视频\第 14 章\200.MP4

完成正立面的细化后，细化其它立面时，则只需创建少许不同的建筑构件，然后复制调整已经创建好的模型即可。

1. 细化左侧立面

步骤 01 参考左侧立面图纸，绘制底部护墙路径，使用【路径跟随】制作左侧护墙，如图 14-300 所示。

步骤 02 通过类似的方法，制作中部与顶部角线，如图 14-301 所示。

图 14-300 制作底部护墙　　　　图 14-301 制作角线　　　　图 14-302 底部窗户

步骤 03 复制正立面中创建好的单个门窗，参考图纸对位后整体进行复制，如图 14-302~ 图 14-304 所示。

步骤 04 参考图纸，复制墙体转角处的石柱模型，如图 14-305 所示。接下来制作烟囱模型。

图 14-303 复制二层窗户　　　　图 14-304 整体复制窗户模型　　　　图 14-305 复制石柱模型

步骤 05 选择左侧立面图纸，将其对齐至烟囱处，推拉出整体轮廓后，逐步细化出整体造型并赋予石头材质，如图 14-306~图 14-308 所示。

图 14-306 对齐图纸至烟囱表面　　　　图 14-307 制作烟囱轮廓　　　　图 14-308 制作烟囱细节并
　　　　　　　　　　　　　　　　　　　　　　　　　　　　　　　　　　　　　　赋予材质

步骤 06 为墙面赋予石材，完成左侧立面效果如图 14-309 所示。接下来细化右侧立面。

2. 细化右侧立面

步骤 01 右侧立面主要有车库和次入口，首先启用【矩形】工具分割出车库平面，如图 14-310 与图 14-311 所示。

图 14-309　左侧墙面效果　　　　图 14-310　右侧墙面图纸　　　　图 14-311　分割车库门平面

步骤 02 结合使用【矩形】与【推/拉】工具，制作出车库模型，然后赋予金属材质，如图 14-312 与图 14-313 所示。

步骤 03 结合使用【矩形】与【推/拉】工具，制作出车库配套的雨棚模型与斜坡模型，然后赋予混凝土材质，如图 14-314~图 14-317 所示。

图 14-312　细化出车库门模型　　　图 14-313　赋予金属材质　　　　图 14-314　制作车库雨棚

图 14-315　赋予混凝土材质　　　　图 14-316　制作车库坡道　　　　图 14-317　推拉出斜坡

步骤 04 参考图纸结合，使用【矩形】以及【推/拉】工具制作出次入口台阶与推拉门，如图 14-318~图 14-320 所示。

步骤 05 台阶与推拉门制作完成后，复制各处的窗户模型，然后处理好护墙、角线以及石柱细节，如图 14-321~图 14-323 所示。

图 14-318　创建台阶平面

图 14-319　细化台阶效果

图 14-320　制作推拉门模型

图 14-321　复制门窗

图 14-322　延长护墙

图 14-323　延长角线复制石柱

步骤 06 制作完成的右侧立面效果如图 14-324 所示，接下来细化背立面模型。

图 14-324　右侧立面完成效果

图 14-325　背面图纸效果

图 14-326　创建台阶平面

3. 细化背立面

步骤 01 参考图纸结合，使用【直线】以及【推/拉】工具制作好台阶模型，如图 14-325~图 14-327 所示。

步骤 02 复制石柱与栏杆模型，参考图纸对齐位置并调整造型，如图 14-328 与图 14-329 所示。

图 14-327　推拉出台阶细节

图 14-328　复制并调整石柱模型

图 14-329　复制栏杆模型

步骤 03 参考图纸制作好左侧角线与阳台，然后整体复制并镜像，如图 14-330 与图 14-331 所示。

步骤 04 复制石柱模型至阳台，并参考图纸调整好位置与造型，完成阳台模型效果至如图 14-332 所示。

图 14-330　延长角线制作阳台

图 14-331　复制并镜像构件

图 14-332　背面阳台模型完成效果

步骤 05 参考图纸，复制窗户以及大门模型至背立面对应位置，完成整体效果，如图 14-333 与图 14-334 所示。

图 14-333　复制窗户

图 14-334　复制入口大门

图 14-335　背面完成效果

201 细化屋顶

文件路径：无　　　　视频文件：视频\第 14 章\201.MP4

完成建筑各个立面的细化后，接下来制作屋顶造型，在制作的过程中注意【路径跟随】工具的灵活使用。

步骤 01 参考图纸，绘制好屋顶截面与路径，使用【路径跟随】工具制作出单个屋顶轮廓，如图 14-336~图 14-338 示。

图 14-336　绘制屋顶截面

图 14-337　绘制屋顶路径

图 14-338　路径跟随

步骤02 结合使用【曲面分割】与【超级推拉】工具，制作出屋顶细节，然后赋予对应材质，如图 14-339~图 14-341 所示。

图 14-339　曲面分割制作细节　　图 14-340　通过超级推拉制作细节　　图 14-341　赋予材质

步骤03 参考图纸，制作老虎窗模型并进行对应复制，如图 14-342 与图 14-343 所示。

步骤04 选择制作好的屋顶，通过复制与缩放，制作后方的连接效果，然后通过类似的方式制作其它位置的屋顶效果，如图 14-344 与图 14-345 所示。

图 14-342　制作老虎窗细节　　图 14-343　单个屋顶完成效果　　图 14-344　复制并缩放屋顶

步骤05 参考图纸，结合使用【矩形】与【推/拉】工具，制作正前方屋顶细节，如图 14-346 与图 14-347 所示。

图 14-345　屋顶初步完成效果　　图 14-346　制作屋檐轮廓　　图 14-347　制作屋檐细节

步骤06 参考图纸，结合使用【圆】与【推/拉】等工具，制作好圆顶细节，如图 14-348~图 14-350 所示。

图 14-348　创建圆形　　　　　　图 14-349　制作半球屋顶　　　　图 14-350　制作屋顶钢架等细节

202 制作配套环境

文件路径：无	视频文件：视频\第 14 章\202.MP4

单独的建筑模型效果显得十分单调，接下来制作简单的配套设施与环境，丰富场景层次。

步骤 01 在【俯视图】中创建一个地平面，然后通过【场景】面板保存好观察角度，如图 14-351~图 14-353 所示。

图 14-351　单独的建筑模型　　　图 14-352　绘制平面　　　　　　图 14-353　新建场景并保存

步骤 02 合并入喷泉并制作好花坛，然后以喷泉为中心开设道路与草坪，如图 14-354~图 14-355 所示。

图 14-354　合并喷泉并制作花坛　　图 14-355　开通道路　　　　　图 14-356　制作草地

步骤 03 逐步合并进树木、人物以及车辆模型，丰富场景的层次与细节，如图 14-357~图 14-359 所示。

图 14-357　合并树木

图 14-358　合并人物

图 14-359　合并车辆

步骤 04 进入保存的视角场景，精细调整好树木以及人物的效果，整体结果如图 14-360 所示。

图 14-360　最终效果

14.4 高层住宅建模

高层建筑在实际的工作比较常见，本例以一个高层住宅以例，介绍该类模型的的特点以及建模方法与技巧，模型的制作过程如图 14-361~图 14-364 所示。

图 14-361　整理 CAD 图纸

图 14-362　建立轮廓

图 14-363　细化立面　　　　　　　　　　　图 14-364　完成效果

203　整理 CAD 图纸

✉ 文件路径：配套光盘\第 14 章\203	◎ 视频文件：无

　　高层建筑有着繁杂的设计及复杂的施工图纸，在导入 SketchUp 用于模型创建之前，应对其进行简化，以利于捕捉时的观察，并能减少文件量。

1.　整理图纸

步骤 01 启动 AutoCAD，按 Ctrl+O 快捷键，打开配套光盘 "第 14 章|高层住宅.dwg" 文件，如图 14-365 所示。

步骤 02 分别选择轴线、文字等多余图元，进入【图层管理器】进行关闭，然后删除图框，如图 14-366 与图 14-367 所示。

图 14-365　打开 CAD 图纸　　　图 14-366　关闭轴线等图层显示　　　图 14-367　删除图框等信息

步骤 03 选择简化后的正立面，按下 "Ctrl+C" 快捷键复制，然后按下 "Ctrl+N" 快捷键新建空白 DWG 文件，按 Ctrl+V 键粘贴，如图 14-368 与图 14-369 所示。

图 14-368　复制简化后的正立面　　图 14-369　粘贴到新的 DWG 文件　　图 14-370　另存为正立面图纸

步骤 04 按 Ctrl+S 快捷键，将正立面图形保存为"正立面.dwg"文件，如图 14-370 所示。

步骤 05 重复上述操作，将其它图纸简化并进行单独保存。

204 导入 SketchUp 并分析建模思路

📧 文件路径: 无　　　　　　　　　　◎ 视频文件: 无

　　在 AutoCAD 中完成图形简化后，接下来将图纸导入 SketchUp，并调整位置与方向，然后根据高层建筑特点分析建模思路。

1. 导入图纸

步骤 01 打开 SketchUp，设置模型单位为"mm"，如图 14-371 所示。

图 14-371　设置模型单位

图 14-372　设置导入选项

步骤 02 执行【文件】/【导入】菜单命令，在打开的选项面板中设置导入单位，如图 14-372 所示，首先导入整理好的首层平面图，如图 14-373 所示。

步骤 03 重复上述操作，导入正立面图纸，使用【旋转】工具将其竖立，并调整好朝向，如图 14-374 与图 14-375 所示。

图 14-373　导入首层平面

图 14-374　导入正立面

图 14-375　旋转正立面

步骤 04 启用【直线】工具，在正立面图捕捉中点创建对齐辅助线，然后捕捉到平面图纸投影位置进行对齐，如图 14-376 与图 14-377 所示。

步骤 05 重复上述操作，导入其它图纸并进行对位，如图 14-378 所示。

图 14-376　绘制对齐辅助线　　　图 14-377　对齐图纸　　　图 14-378　图纸导入完成效果

2.　分析建模思路

观察导入后的图纸，可以发现本高层住宅呈左右对称，而且在竖直方向上，大致可分为底层、标准层以及屋顶三个部分，其中楼层最多的标准层，每层的结构都是一样的，如图 14-379～图 14-381 所示，通过以上建筑结构分析，得出本例模型的建模思路如下：

📖 首先创建建筑底层模型，考虑至左右对称的特点，可以只建立左侧细节，右侧则通过复制与镜像快速制作。

📖 向上复制出二、三层模型，然后根据图纸调整二、三层的模型细节。

📖 由于第三层至第十二层完全一致，因此可以通过多重移动复制快速制作。

📖 最后制作左侧屋顶细节，然后通过复制与镜像，得到右侧屋顶，完成建筑的整体效果。

图 14-379　整体呈左右对称　　　图 14-380　竖向门窗细节　　　图 14-381　竖向结构分布

205　建立底部模型

文件路径：无	视频文件：无

高层住宅通常都具有相同或类似的门窗效果，因此在建立底部模型时，应注意将门窗等构件单独成组，以便于造型的调整。

1.　细化入口

步骤 01 参考首层平面图纸，启用【直线】工具绘制入口台阶封闭平面，如图 14-382 所示。
步骤 02 结合侧立面图纸，结合使用【直线】与【推/拉】工具制作台阶造型，如图 14-383 与图 14-384 所示。

图 14-382　绘制入口平面

图 14-383　参考侧立面图纸

图 14-384　绘制入口台阶

步骤 03 综合参考底层与侧立面图纸，使用【圆弧】以及【推/拉】工具，制作残障通道护栏与走道，完成主入口模型的制作，如图 14-385~ 图 14-387 所示。

图 14-385　绘制残障通道护栏

图 14-386　绘制残障通道坡道

图 14-387　主入口完成效果

2. 制作首层轮廓

步骤 01 参考首层平面图纸，启用【直线】工具捕捉墙线创建左侧封闭平面，如图 14-388 与图 14-389 所示。

步骤 02 参考图纸，使用【圆弧】工具细分出圆窗及圆柱等平面细节，如图 14-390 所示。

图 14-388　捕捉绘制墙线

图 14-389　封闭首层左侧平面

图 14-390　添加图纸细节

步骤 03 启用【推/拉】工具，向上制作出首层高度，如图 14-391 所示。接下来从左至右顺序细化正立面门帘等细节，首先制作弧形窗模型。

图 14-391　缩放首层高度

图 14-392　将图纸对位模型

图 14-393　使用超级推拉制作弧形窗台

3. 细化首层正立面

步骤 01 将正立面图对齐至墙面，使用【超级推拉】插件中的【联合推拉】工具，向内制作出弧形窗沿细节，如图 14-392 与图 14-393 所示。

步骤 02 为了精确分割六扇弧形窗窗页，首先捕捉两侧端点绘制一条六拆分的弧线，如图 14-394 所示。

步骤 03 启用【直线】工具，捕捉辅助弧线分割出弧形窗窗页，然后使用【曲面偏移】工具制作出窗框平面，如图 14-395 与图 14-396 所示。

图 14-394　绘制六拆分辅助弧形

图 14-395　分割弧形窗页

图 14-396　使用曲面偏移细化窗框

步骤 04 使用【推/拉】工具制作出窗框细节，然后打开【材质】面板，赋予金属与半透明材质，如图 14-397 所示。

步骤 05 调整视图至底部，参考图纸制作弧形窗窗沿细节，完成弧形窗窗台的制作，如图 14-398 与图 14-399 所示。

图 14-397　弧形窗细化完成

图 14-398　分割弧形窗窗沿

图 14-399　弧形窗窗台完成效果

步骤 06 参考正立面图，结合使用【矩形】、【偏移】及【推/拉】等工具，制作平开窗模型，如图 14-400~图 14-402 所示。

图 14-400　分割窗户平面　　　　图 14-401　细化窗户造型　　　　图 14-402　赋予窗户材质

步骤 07 结合正立面与底面图，使用【矩形】、【偏移】及【推/拉】等工具制作空调板与配套栏杆，如图 14-403~图 14-405 所示。

图 14-403　创建空调板平面　　　图 14-404　细化空调板造型　　　　图 14-405　制作栏杆

步骤 08 通过类似方法制作入户门左侧阳台门窗与栏杆模型，如图 14-406 与图 14-407 所示。

图 14-406　分割入户门左侧阳台推拉门　　　　　　图 14-407　左侧阳台完成效果

步骤 09 继续制作入户门模型，如图 14-408 所示，然后复制阳台的门窗与栏杆至右侧阳台，参考图纸通过缩放调整造型大小，如图 14-406~图 14-410 所示。

图 14-408　入户门完成效果　　图 14-409　复制并调整右侧阳台推拉门　　图 14-410　复制并调整右侧栏杆

步骤⑩ 参考图纸，结合使用【矩形】、【偏移】及【推/拉】等工具，制作右侧窗户与空调板造型，如图 14-411~图 14-413 所示。

步骤⑪ 至此，首层正立面门窗等细节制作完成，接下来制作首层侧立面造型。

图 14-411　制作窗户轮廓

图 14-412　细化窗户造型

图 14-413　赋予窗户材质

4. 细化首层侧立面

步骤① 选择侧立面图纸，将其对齐至侧墙表面，如图 14-414 所示。

步骤② 参考侧立面图纸，结合使用【矩形】与【推/拉】工具，制作转角飘窗的轮廓，如图 14-415 与图 14-416 所示。

图 14-414　对齐侧立面图纸

图 14-415　分割飘窗平面

图 14-416　推拉飘窗轮廓

步骤③ 结合使用【偏移】与【推/拉】工具，制作飘窗细节并赋予对应材质，如图 14-417 所示，接下来制作首层背面的相关细节。

图 14-417　细化并赋予飘窗材质

图 14-418　对齐背面图纸

图 14-419　制作窗洞

5. 细化首层背面

步骤 01 选择背立面图纸，将其对齐至墙面，参考该图纸，结合使用【矩形】与【推/拉】工具制作窗洞，如图 14-418 与图 14-419 所示。

步骤 02 复制创建的正立面窗户模型，并进行对位，然后通过缩放调整合适的大小，如图 14-420 所示。

步骤 03 重复上述操作，制作左侧的两个平开窗，如图 14-421 所示。接下来制作背面阳台细节。

图 14-420　复制并调整窗户造型　　　图 14-421　复制平开窗　　　图 14-422　制作背面阳台门洞与窗洞

步骤 04 参考背立面图纸，结合使用【矩形】与【推/拉】工具，制作阳台门洞与窗洞，然后细化出门窗造型并赋予材质，如图 14-422 与图 14-423 所示。

步骤 05 复制正立图创建好的栏杆模型至背面阳台，参考图纸调整造型大小和位置，如图 14-424 所示

步骤 06 通过类似方法，制作背立面其它门窗模型，完成效果如图 14-425 所示。接下来制作首层的角线与门头细节。

图 14-423　制作背面阳台门窗　　　图 14-424　制作背面阳台栏杆　　　图 14-425　背面其它模型

6. 处理首层细节

步骤 01 切换至侧立面图，绘制墙面角线的截面，如图 14-426 所示，然后参考图纸绘制路径，使用【路径跟随】工具制作三维效果，如图 14-427 所示。

图 14-426　绘制角线截面

图 14-427　制作角线效果

图 14-428　绘制入口角线

步骤 02　通过相同方法，制作入户门门头造型，如图 14-428 与图 14-429 所示。

步骤 03　将角线与门头模型整体成组，然后通过复制与镜像，完成右侧相关模型的制作，如图 14-430 与图 14-431 所示。首层模型制作完成。

图 14-429　入口门头完成效果

图 14-430　整体复制出右侧模型

图 14-431　镜像并对位

206 建立标准层模型

文件路径: 无	视频文件: 无

建筑首层模型创建完成后，接下来将其复制，得到中间层模型，然后参考图纸调整门窗等细节，最终通过多重移动复制，得到第三至十二层的标准层模型。

1. 调整第二层细节

步骤 01　选择底部建筑模型，启用【移动】工具，捕捉窗台上的交点做为复制参考点，如图 14-432 所示。

步骤 02　按住 Ctrl 键，捕捉蓝轴向上进行复制，然后捕捉至上层窗台完成复制，如图 14-433 所示。

图 14-432　确定复制参考点

图 14-433　捕捉上层窗台完成复制

图 14-434　删除入户门

步骤 03 参考正立面图纸，删除二层入户门，然后调整隔墙高度，如图 14-434 与图 14-435 所示。

步骤 04 旋转视图至背面底部，隐藏首层模型，参考图纸制作出内陷空间，然后创建楼梯门的窗户模型，如图 14-436 与图 14-437 所示。

2. 调整第三层细节

步骤 01 重复复制操作，制作出第三层模型，然后参考图纸制作楼梯间的平开窗模型，如图 14-438~图 14-440 所示。

图 14-435　调整墙体高度　　　图 14-436　分割背面空间　　　图 14-437　制作背面楼梯间窗户

图 14-438　复制出第三层模型　　　图 14-439　分割正面楼梯间窗户　　　图 14-440　正面楼梯间完成效果

3. 整体复制标准楼层

步骤 01 左侧二、三层门窗等细节调整完成后，首先通过复制与镜像，制作好右侧同层模型，如图 14-441 与图 14-442 所示。

图 14-441　整体复制右侧模型　　　　　图 14-442　镜像并对位

步骤 02 选择第三层整体模型，通过多重移动复制，得到标准楼层模型，如图 14-443 与图 14-444 所示。

图 14-443　向上整体复制第三层模型

图 14-444　多重复制得到标准层模型

207 完成建筑模型

📧 文件路径: 无	◎ 视频文件: 无

　　制作好标准层模型后，接下来首先制作屋顶模型，然后制作阳台圆柱以及材质等细节，完成建筑模型的制作。

1.　制作屋顶

步骤 01 结合使用【直线】与【推/拉】工具，制作出屋顶轮廓模型，如图 14-445 与图 14-446 所示。

图 14-445　封闭左侧屋顶平面

图 14-446　推拉屋顶高度

图 14-447　导入并对位屋顶图纸

步骤 02 导入屋顶图纸并对位，参考图纸制作顶层各处建筑与门窗细节，如图 14-447~图 14-450 所示。

图 14-448　创建顶层空间轮廓

图 14-449　细化出口闸门

图 14-450　细化中部窗

步骤 03 结合正立面与屋顶图纸，结合使用【圆弧】、【曲面偏移】以及【推/拉】工具，制作顶部装饰构件，如图 14-451~图 14-454 所示。

图 14-451　绘制装饰构件平面

图 14-452　使用曲面偏移制作
细节

图 14-453　装饰构件细节完成效
果

步骤 04 参考图纸，制作屋顶栏杆等细节，然后通过复制与镜像，制作右侧屋顶模型效果，如图 14-455 与图 14-456 所示。

图 14-454　装饰构件支撑架完
成效果

图 14-455　制作顶部栏杆

图 14-456　复制并对位右侧屋顶

2.　完成其它细节

步骤 01 启用【推/拉】工具，制作阳台圆柱模型细节，如图 14-457~图 14-459 所示。

图 14-457　推拉阳台圆柱

图 14-458　对齐至屋顶

图 14-459　阳台圆柱完成效果

步骤 02 打开【材料】面板，赋予底层墙面、窗台以及墙面等结构对应材质，如图 14-460~图 14-462 所示。

图 14-460　赋予底层墙面毛石　　　图 14-461　赋予窗台装饰石材　　　图 14-462　赋予墙面暖色涂料

步骤 03 场景材质制作完成后，调整至合适的观察角度，然后新建【观察角度】场景进行保存，如图 14-463 所示。

208 制作配套环境

文件路径：无	视频文件：无

高层住宅通常会形成小区建筑群，并有配套的环境效果，因此接下来制作出简单的小区住宅群与环境效果。

步骤 01 选择创建的高层单体住宅建筑，在【俯视图】中复制，制作建筑群效果，如图 14-464 与图 14-465 所示。

图 14-463　以场景保存观察角度　　　　　　图 14-464　单体建筑

步骤 02 参考建建筑群的大小，在【俯视图】中创建一个矩形做为地面，如图 14-466 所示。

图 14-465　复制出建筑群　　　　　　图 14-466　创建地面矩形平面

步骤 03 启用【直线】工具，分割出小区道路，然后使用【圆弧】工具制作出道路圆角细节，如图 14-467 与图 14-468 所示。

步骤 04 结合使用【偏移】与【推/拉】工具制作路沿细节，然后赋予地面与草地对应材质效果，如图 14-469 与图 14-470 所示。

图 14-467 分割出道路模型

图 14-468 制作道路圆角细节

图 14-469 制作路沿细节

步骤 05 通过【组件】面板合并入树木、人物以及车辆模型，完成最终效果，如图 14-471~图 14-473 所示。

图 14-470 赋予路面以及草地材质

图 14-471 合并树木

图 14-472 合并人物

步骤 06 进入保存的视角场景，仔细调整树木以及人物的效果，完成整体效果如图 14-360 所示。

图 14-473 最终参考效果

附　录

附　录 1：SketchUp 快捷功能键速查

直线		L	圆		C
圆弧		A	材质		B
矩形		R	创建组件		G
选择		空格键	视图平移		H
擦除		E	旋转		Q
移动		M	推/拉		P
缩放		S	偏移		F
卷尺		T	视图缩放		Z
环绕观察		O			

附录 2：SketchUp 8.0/2015/2016 下拉菜单和工具栏对比

SketchUp 8.0	SketchUp 2015	SketchUp 2016
【编辑】菜单		

【视图】菜单

【镜头】或【相机】菜单

【绘图】菜单

【工具】菜单

【窗口】菜单

工具栏及对话框

沙盒工具

镜头或相机工具

绘图工具

修改或编辑工具

样式或风格工具

【材质】或【材料】面板